イリオモテヤマネコ
狩りの行動学

安間繁樹 [著] *Shigeki Yasuma*

あっぷる出版社

ヤマネコの棲む島

イリオモテヤマネコ

体長（頭胴長）50cm。胴長で短足，けっしてスマートな体つきではない。しかし，精悍で野生の貫禄は十分に持っている。尾は頭胴長の1/2前後，オスの場合，体重5kgぐらいまでに成長する。メスは一回り小さい。山地の森林から低地，湿原，河川，海岸など，西表島のあらゆる植生や地形で生活しているが，集落とそのごく近い部分にはめったに現れない。個体数は現在100頭前後と推定される。主に夕方から夜間，早朝にかけて活動するが，日中でも，しばしば目撃されている。樹上も生活の場であり，オオコウモリや鳥類の多くを樹上で捕獲しているようだ。また，よく水にも入るようである。西表島のほとんどの動物群を食べているが，クマネズミ，オオコウモリなどの哺乳類，ヒヨドリ，オオクイナ，ハト類などの鳥類，ヘビ，トカゲなどが主な餌動物である。繁殖期は1月末〜3月のはじめ。岩穴や樹の洞を子育てに使う。2カ月の妊娠期間を経て5月頃，2〜4頭の子を生む。母子の別れは意外に早く，8月には一人歩きの子ネコを見かける。

浦内川

西表島の河川には本州・四国・九州の川のような中流域がない。下流域は潮の干満がある感潮域で，川の水は海水が混じる汽水である。高低差が小さいので大きな蛇行が多いが，ボートでの行き来が可能だ。ある場所まで進むと，突然，ボートでは進むことができない岩だらけの浅い渓流域に変わる。そのまま飲むことができる真水だ。写真から少し上流（右方向）に向かった所に1969年頃まで稲葉集落があった。一帯では，川を泳いで横断するヤマネコがたまに目撃される。

大見謝川河口の干潟
西表島の東海岸や北海岸には，干潮時に干潟となる場所が多い。私がヤマネコの調査をしていた1970年代前半は，自動車道路がなかった時代で，東部と西部の村を行き来する時は海岸線を歩いた。干潮時には干潟を直線的に横断することができる。冬期の潮が満ちはじめる時間には，たくさんのタコが岩の穴から体を出していた。私はそれを拾うようにして集め，民宿へみやげとして持参した。写真は大見謝川河口，右手遠方は鳩間島。

島を覆う森林
全体が亜熱帯降雨林である。谷に面した斜面の下部はオキナワウラジロガシを主とした森林，日本最大のドングリを付ける木だ。斜面の上部や尾根では，オキナワジイが優占している。この2種類に代表される森林は常緑広葉樹林で，葉の表面の照りが強い樹木が多いため，亜熱帯照葉樹林とも呼ばれる。全島を覆う深い森林が，何万年にもわたってイリオモテヤマネコの生存を保障してきた。

ヒカゲヘゴ
湿り気のある山地斜面や谷間に多い大型の木本シダで，茎（幹）は直立し高さ3～8mに達する。茎の先端から長さ3～4mの葉をロゼット状に広げる。若い芽は，まさに「おばけゼンマイ」だが，西表島では，特別な祝いでテンプラにして食べたり，生食する。「生」はアロエゼリーとちょっと似た味だ。ヤマネコは，このような場所ではマダラコオロギやカエル類を捕食している。写真のように真上から覗き込むことができる場所は，崖や高い滝の上からだけだ。

後良川のマングローブ
真水と海水が混じり合う川の下流から河口では，ヒルギの仲間が森を作っている。干潮時には干上がり，満潮時には幹の部分まで水没する。熱帯・亜熱帯でなければ見ることのできない水上の森林である。エビやカニが豊富で，汽水性の貝類も多いし，外洋魚の稚魚が育つ場所でもある。ヤマネコの古見観察場（矢印）は，集落から1km入った農道の終点から400m歩く所に位置している。シイやヤマモモに混じってマツが点在する二次林である。

調査のために野外へ出る

与那良観察場

ヤマネコの観察が人の往来や農作業で妨げられることなく，なおかつ，宿舎から通いやすい場所に餌場を設け，鳥肉片を置いた。その中で，ヤマネコが頻繁に到来するようになる場所を選んで観察場とした。与那良観察場（矢印）は，田んぼ跡の湿地，パイン畑などがある平地と，ウシの放牧場がある丘陵地との境に位置し，すぐ脇に農道がある。写真中央の電柱が並んでいるところは，幹線道路から由布島へ通じる農道。現在は観光バスが絶え間なく通る道に変わっている。

観察のための小屋

観察をはじめた頃は，餌場近くの木に登り，数本の枝にまたがってヤマネコの到来を待った。しかし，器材が落下しないように，三脚やポケットライトに至るまで細ヒモで木の枝に固定しなければならなかった。さらに，不意の降雨で観察の中断もしばしば起こった。そこで，天候に左右されないよう，さらには眠ることもできるように小屋を建てた。材料は周辺の森と廃屋から調達した。毎日使う三脚や照明器具などの保管が可能になり，何が起こっても対応できる私の居城となった。

野外での食い残し

ヤマネコは，虫，カエル，トカゲ，ヘビを食べる時は，ほとんど何も残さない。鳥であってもヒヨドリくらいの大きさまでは，ほとんど食べてしまう。しかし，それ以上の大きさの鳥だと，頭，脚，翼など硬い部分は食べることなく残している。写真はキンバトだが，ほとんど食べられていない。食事中，例えばヒトが来たとか，何らかの不都合が生じて餌を放棄したのだろう。摂食はブッシュのような場所であることが多いので，食い残しはどこででも見つかるというものではない。

フンの調査

ヤマネコのフンはソーセージ形で，イヌやイエネコのフンと似ている。新しいフンは，平均して太さ1.3cm，1例（1回分）の長さは14.4cm，通常2〜3個にちぎれている。フン，足跡，食べ残し，巣など，野外で見つかる動物の生活痕を「フィールドサイン」と総称している。フィールドサインの収集は，野生動物研究の基本であり，まず最初に手がけなくてはいけないことである。イリオモテヤマネコの場合，フンの採集と分析は，食性を知る上で，唯一可能で有効的な研究手段だった。

ヤマネコの食べ物

アオバズク

北海道，本州，四国，九州などで繁殖し，ふつう夏鳥として渡来する。しかし，私は西表島で一年中見ているような気がする。夏は集落近くに来て，夜間ホッホー，ホッホーと二声ずつ鳴く。キジバトより多少小さな大きさの鳥で，目はライトをあてると赤みを帯びた黄色に光る。コノハズクに比べると個体数は少ない。ヤマネコのフン分析では検出されていない。しかし，コノハズクはしばしば出てくるので，ヤマネコが，特別アオバズクを襲わないということではないだろう。

クビワオオコウモリ

体重 300g，両翼を広げると 80cm にもなる大形のコウモリ。植物食で，夏はフクギの果実，ビロウの花などを求めて人里にも飛来する。山ではイヌビワ，クワ，フトモモなどの果実や花を食べている。オコウモリは地上に下りることがないが，フン分析により，ヤマネコにかなり捕食されていることがわかった。私はヤマネコが積極的に木登りをして捕獲するのだと推測し，木の枝に肉片を置く方法で観察，イリオモテヤマネコが樹上でも生活していることを明らかにすることができた。

イシガキトカゲ

八重山諸島の固有種。最大で全長 15cm。尾の部分が鮮やかなコバルト色をしたトカゲは本種の若い個体だ。平地の集落内から山地の森林帯にまで分布，直射日光の下で活発に活動する。本種に酷似するが全長 40cm，体重 200g にもなる巨大なトカゲは，同属のキシノウエトカゲである。爬虫類の活動がさかんな 5 月〜11 月頃まではヤマネコの重要な食べ物の 1 つだ。トカゲ，ヘビはウロコと歯の特徴を見ることで，フン分析の際の種の同定は難しくない。

アカマダラ

八重山諸島あるいは琉球列島の固有種が多い爬虫類の中で、本種は対馬、朝鮮、中国、宮古諸島と、東シナ海を取り囲むような広い分布をしている。西表島でもっとも普通のヘビだが、山中では見られず、平地や林縁部に多い。特に夜間、自動車道上で遭遇することが多い。1mを超す大きな個体がいる。無毒だが動きが敏捷で、結構攻撃的なヘビだ。サキシマハブをはじめ他のヘビやトカゲを捕食する。ヤマネコのフン分析から出るヘビでは、アカマダラが最も多い。

オオハナサキガエル

八重山諸島の固有種で、山地の渓流や森林内に棲息する。かなり大きくなるカエルで体長10cmを超えるものがある。後足がとくに長く、2mくらいは簡単に跳躍するという驚くほどのジャンプ力がある。ピィー、チッ、チッ、チッと口笛のような音を出す。産卵は12月頃から2月頃。カエル類は水辺に近い場所であれば、西表島の低地から山岳地帯まで広く棲息しており、しかも捕獲が容易であるため、ヤマネコの食べ物として潜在的な重要性があるのだろう。

サキシマヌマガエル

先島諸島の固有種だが、西表島ではもっとも普通に見られるカエルである。山中深い場所ではなく、山麓部や平地の水田、池などで見ることが多い。体長3〜6cm。背面は赤褐色で、縦長の細かいイボがたくさんあり、一見本州などに分布するツチガエルに似ている。また、背面正中部に太い白縦線を持つ個体が多い。ケレレ、ケレレレレと鳴く。カエルの骨は細部が破損または消化されやすく、ヤマネコのフンの内容物分析において、種の確定が非常に困難であった。

イリオモテヤマネコ
狩りの行動学

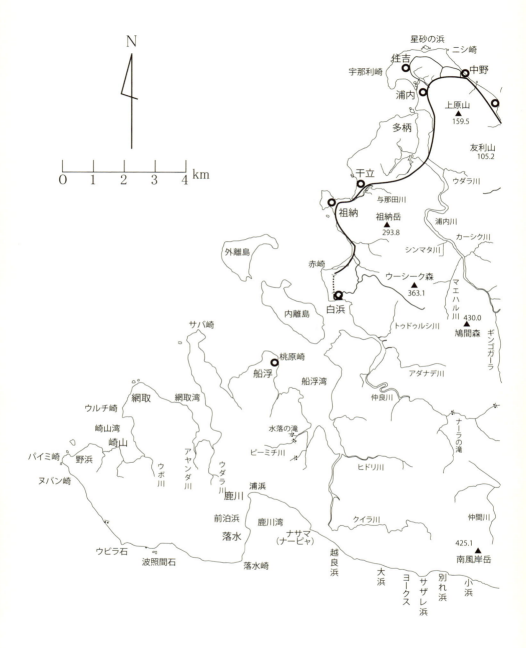

西表島

石垣島へ

- 上原
- 鳩離島
- 船浦
- 船浦湾
- 伊武田崎
- クーラ川
- 西ゲーダ川
- ゲーダ川
- 赤離島
- 赤離
- 由珍川
- 高那川
- 高那
- ホーラ川
- ヘラ川
- 西フネラ川
- フネラ川
- 青離島（ウ離島）
- 野原
- 野原崎
- 西田川
- ピナイサーラの滝
- ヒナイ川
- マーレー川
- 大見謝川
- ヨシケラ川
- ▲八重岳 418.7
- ▲古見岳 469.5
- ▲金山(相良岳) 424.7
- マリウドの滝
- カンピレの滝
- ▲テドウ山 441.2
- 447.3
- ▲波照間森
- 板敷川
- マヤグスクの滝
- 幻の湖
- 相良川
- 美原
- 由布島
- 浦内川
- 後良川
- 深里川
- 浦田原
- 野底崎
- ▲御座岳 420.4
- ▲桑木山 311.7
- 白水川
- ▲美底森 357.7
- 西舟着川
- 前良川
- 古見
- 嘉佐崎
- ▲仲間山 307.0
- 仲間川
- セイゾーガーラ
- ニーバレー
- 後湊川
- ▲野岳 156.9
- アカイダ川
- ナハーブ
- ▲加丁良山 191.3
- 大富
- 仲間
- 仲間崎
- 大原
- 石垣島へ
- ナイヌ浜
- ボーラ浜
- 南風見田浜
- 豊原
- 南風見崎

カバー・本文写真／安間繁樹
カバーデザイン／犬塚勝一

まえがき

　少なくとも，私には命より大切と思うものが2つある。1つは健康だ。もう1つは情熱を懸けることができるものがあること。後者は人によって芸術であったり，スポーツであったり，それぞれ違うものだろう。人は健康であれば，それに情熱を注ぐことができるし，逆にそれに没頭したいから，健康管理に不断の努力を惜しまない。私の場合は，フィールドを駆けまわるために，健康でありたい。その情熱の対象は西表島とボルネオ島だ。この2つの島については，どんなことでも体験したいし，何でも知りたいと思って人生を歩んできた。

　特に西表島は，体力に自信があって，好奇心旺盛な青春真っ直中の時に出会った場所だ。なかでも，私の青春のすべてを懸けた対象がイリオモテヤマネコだった。

　イリオモテヤマネコは，1965年八重山諸島の西表島で発見された（記載による学問上の発見は2年後）。私が大学3年生に進級する春のことだった。このニュースに，生き物好きで，旅行好きだった私は「日本にまだこんな場所があったのか！」と大変な感動を覚えた。そして，夏の休暇を待ちかね，同年7月，希望に胸を膨らませて西表島を訪ねた。当時，東京からは順調にいっても1週間を要する遠い島であった。最初の印象は「大自然が人間生活を圧倒している」というものだった。私は西表島の雄大で力強い自然にすっかり魅せられ，「島のすべてを知りたい。青春のすべてを西表島に懸けてみよう」と心に誓ったものだった。

　それから私の西表島通いがはじまった。しかし，最初からイリオモテヤマネコの研究に入ったわけではない。私は西表島という

ものを，漠然と寄木細工のようにイメージしていた。陸地，海と川，森，生き物，人々，歴史など，あらゆる要素が組み合わさって1つの塊になっていると捉えようとしたのである。ある年はヘビ・トカゲの調査，次の年は鳥類の調査，その次の年は昆虫類の調査にそれぞれ専念する。この積み重ねを続けていくつもりだった。いつかは，頭の中で自分なりに納得する「西表像」を描く時がくるだろうと思った。

ところがある時，「この方法では，永遠に満足できる時はこない」と感じたのである。調査が進むと，それだけ関心事が細分化し，深まっていくのである。1つのことを解明しようと調査をする中で，10も20もの新たな疑問が湧いてくる。わかったことの数より，数倍多い新たなる疑問。そんなジレンマを抱えていた時，「イリオモテヤマネコをやればいいのだ」とひらめいたのだ。西表島という生態系の頂点にいるヤマネコを研究することで，島の自然全体を把握できるのではないかと考えたのである。1972年，ちょうど沖縄県が日本復帰を果たした年のことだった。

以来，イリオモテヤマネコ中心の研究を進めてきた。さらに，1974年5月からは東京大学大学院に在籍しながら，西表島に住み込んで研究に専念した。当時は，夜行性動物の観察はほとんど行なわれていない時代であったが，私は誰も試みることのなかったイリオモテヤマネコの直接観察にあえて挑戦した。そして，試行錯誤を重ねながら，継続した観察に成功し，イリオモテヤマネコの生態を少しずつ明らかにしてきた。この間，世界初の16ミリ映画撮影にも成功した。

本著は私の博士論文が軸となっている。観察から知り得たイリオモテヤマネコの狩りの行動と，西表島の自然を反映したイリオモテヤマネコの食性である。これに加えて西表島の概要と，私がどんな経緯で西表島を知るようになったのか。また，イリオモテヤマネコを直接観察するに至るまでの調査方法や器材の製作など。

そして，イリオモテヤマネコの行動は現生する他のヤマネコ類と基本的に変わらないとする結論に至るまでを話していきたい。この過程で，他の研究者による関係した論文はすべて目を通して比較し，考察した。そして，必要な事例は引用もしている。

さて，研究を進めるにあたり，多くの方々の支援をいただきました。しかし，これまでに礼を言う機会がなく，ここで謝辞を述べさせていただきます。なお皆様の所属先は当時のものです。

まず，学生時代から夢を語り合い，人生を共に過ごしてきた畏友土屋實幸氏。那覇にある居酒屋「うりずん」のオーナーであり，物心両面で多大な援助を受けた人です。昨年，彼に逝かれたことは私にとって痛恨の極みです。西表島では古波蔵当清氏，福地利供氏に大変お世話になりました。

食性調査における被食動物の最終的な種の同定は，鳥：真野徹氏（山階鳥類研究所），ヘビ・トカゲ・カエル：千石正一氏（日本野生生物研究センター），武藤暁生氏（爬虫両生情報交換会），大河内勇氏（東京大学農学部），昆虫：上野輝弥博士（日本ルーテル神学大学），中根猛彦博士（鹿児島大学），福原楢男博士（国立農業技術研究所），朝比奈正二郎博士（国立予防衛生研究所），山屋茂人氏（新潟県農業試験場）に依頼しました。

立花観二教官，小久保醇教官，高杉欣一教官，宍田幸男氏（東京大学農学部），高良鉄夫博士，池原貞雄博士，川島由次博士（琉球大学），には調査，研究，論文のまとめなど全般にわたり，指導，助言，その他多大な援助を受けました。以上の方々に厚くお礼申し上げます。

また，出版に際しては，30年来のお付き合いをさせていただいている京都大学名誉教授渡辺弘之氏から多々，ご助言をいただきました。

本著を出すにあたり，私が希望してやまないことがあります。まずは1人でも多くの方に読んでいただき，西表島やイリオモテヤマネコのことを今まで以上に知って欲しいことです。

　次に，これから研究者を志す若い諸氏に伝えたいことがあります。私が研究を続けたのは1970年代が中心です。当時と比べれば，現在は調査器材が飛躍的に進歩しました。そのことで調査の方法自体が変化しており，得られる情報も莫大なものになってきています。このような諸器材は大いに活用し，効率よく，より確かな資料の収集を心掛けることが大切です。しかし，野生動物を研究する際の基本的な道筋は昔も今も変わらないはずです。自分の目的は何か，そのために考えられる手法はどれか。疑問が生じたとき，それをどのように捉えて解決していくのか。また，純粋な研究に対してだけではなく，自分が置かれている立場，人間関係も含めて，学ばねばならないことがあります。そんなことを，本著を通して感じ取り，自分のこれからに生かして欲しいのです。必ず道は開けてきます。

　もう1つ，自分が研究の対象としている野生動物。それが，調査地に確かにいることはわかっている。自動カメラや様々な痕跡からも明らかである。それなのに，調査活動にストレスを感じたり，極端な場合，やる気をなくしてしまうことがあるかもしれません。そんな危機に直面したら，まず，その動物に会ってみることです。日の暮れるまで樹上で待つなり，山中で一晩を明かしてでも自分の目で確かめることです。会えた時の感動は，すべての悩みを吹っ飛ばしてくれるだろうし，限りない力となって全身を包んでくれることでしょう。

　　　2016年　　　　　　　　　　　　　　　　　　　著　者

イリオモテヤマネコ　狩りの行動学　もくじ

まえがき　5

第1章　ヤマネコの棲む島
島民は昔から知っていた　　　　　　　　　　14
位置と気候　　　　　　　　　　　　　　　　18
地形と地質　　　　　　　　　　　　　　　　22
島のおいたち　　　　　　　　　　　　　　　24
植物と植生　　　　　　　　　　　　　　　　25
生き物　　　　　　　　　　　　　　　　　　28
人の歴史　　　　　　　　　　　　　　　　　34
イリオモテヤマネコとは　　　　　　　　　　36

第2章　直接観察に至るまで
八重山諸島を知る　　　　　　　　　　　　　40
イリオモテヤマネコに魅せられる　　　　　　41
島のことなら何でも知りたい　　　　　　　　43
イリオモテヤマネコの研究をはじめる　　　　44
初の西表島現地調査　　　　　　　　　　　　45
西表島に住んで研究生活をする　　　　　　　48
唯一，イエネコとの区別が重要　　　　　　　52
イリオモテヤマネコの強い獣臭　　　　　　　55
特徴的な模様のある刺毛　　　　　　　　　　59
カンムリワシを撃退する　　　　　　　　　　63
イリオモテヤマネコに遭遇　　　　　　　　　67

第3章　イリオモテヤマネコの採食行動

初めての直接観察	74
闇に溶ける悟りの心境	74
継続観察のための餌場を作る	80
観察小屋を作る	84
ストロボ光には無関心	87
照明装置の工夫	89
イエネコが嫌う到来報知器	91
雌雄鑑別装置	94
追跡装置	97
1個体1日毎の行動の記録	98
餌場での観察概要	98
2頭が遇えば必ず争い	101
個体識別	108
行動にも個体による差が	111
餌場における一連の行動	113
① 餌への接近	118
ネコ科とイヌ科の違い	125
② 餌への攻撃	128
③ 摂食場所への移動	136
④ 餌の一時的な放棄	139
⑤ 摂食行動	144
⑥ 毛づくろいと休息	152
⑦ その他の行動	155
まとめ	163
イリオモテヤマネコの分類学上の位置	168

第4章　イリオモテヤマネコの食性

1) フン　176
   採集ならびにフンの形態　176
   フンの色　183
   内容物の分析　186
   分析の結果　191
2) 捕食の直接観察　211
3) 胃腸の内容物　211
4) 食い残し　211
   判明した被食動物　212

あとがき　227

引用文献　231

第1章　ヤマネコの棲む島

島民は昔から知っていた

　1965年は、イリオモテヤマネコ研究史において記録すべき年である。この年、頭骨や毛皮が研究者の手に渡り、学問的な発見のきっかけとなった。

　20世紀後半になって、日本の、決して大きくない島で新種の動物が発見されたということは、大きな驚きとともにセンセーショナルなニュースとなった。しかし、これには幾つかの伏線があった。

　まず、日本の学者の中には、これ以前に「西表島にヤマネコがいるらしい」という話を聞いていた人もあったようだ。しかし、日本のように開発が進み、どんな山奥にも人が住みついている国で、しかも西表島のような周囲わずか130キロメートルの小さな島に、ヤマネコのような顕著な哺乳類が発見されないでいることは、信じられないことだったようだ。「ヤマネコとはいうものの、イエネコの野生化したものにすぎないのだろう」といった考えが、学者の中でも一般的だった。それは、これまでにもヤマネコがいるという話は、三宅島をはじめ、日本の各地であったが、調べてみるとすべてイエネコの野生化したものだったからである。

　次に、西表島は極めて交通の便が悪く、研究者にとっても長らく「絶海の孤島」の感があった。もちろん、笹森儀助、黒岩恒、坂口総一郎、岩崎卓爾、大島廣、内田享、江崎悌三、三宅貞祥といった研究史に名を残す学者もある。しかし第2次世界大戦以前は、ほとんどの学者は西表島を通り越して台湾へ向かった。台湾は1895年（明治28年）日清戦争により日本の植民地となり、帝国大学や多くの研究所が建てられた。研究拠点があり、富士山より高い山岳地帯と手つかずの自然が豊富にある巨大な島。多くの研究者が、台湾を優先したくなったのは、当然だろう。

戦時中と戦後の沖縄復帰までは、西表島は自然科学の分野で暗黒の時期であったようで、まとまった報告がほとんどない。わずかにスタンフォード大学による調査と1962年の九州大学による調査が目につくくらいである。おそらく戦時中は、炭坑開発が盛んだったこと、日本軍の要塞があったこと、さらにマラリアが蔓延していたことなどが原因だろう。戦後はアメリカの施政権下で研究許可が下りにくかったことや、農業開拓が優先されてきたことなどで、自然史科学的な調査がなされなかったと考えられる。
　もう1つ、西表島で戦前から続いて来た集落は、干立、祖納、白浜、船浮だけである。ちなみに現在の住人約2,300人は、多くが1948年の住吉集落を最初とする戦後の移住開拓者である。それに加えて、沖縄の日本復帰（1972年）以降に移住した人たちが含まれている。開拓時代はほとんど山へ入ることがなかったし、電灯もない時代だから、夜間、集落を離れることもあまりなかっただろう。だから、ヤマネコに遭遇した人は本当に少ない。もちろん、ヤマネコを見た人もいたのだろうが、とりたててニュースにするような動物だとは考えもしなかったようだ。そんなことが重なって、イリオモテヤマネコの発見は遅れたのである。

　西表島の人たちは、イリオモテヤマネコの発見以前から、自分たちの島に野良ネコと、もう1つ別のネコがいることを知っていた。それで、野良ネコをピンギマヤー（逃げたネコ）と呼び、もう1つのネコをヤマピカリャー（山中で光るもの）とかトゥトゥラーと呼んで区別していた。偶然出くわした時、タイマツやライトを反射して異様に光る目の印象から、そう呼ぶようになったのだろう。イノシシを追う猟師たちは、ヤマネコは縁起の悪いものとして忌み嫌っていた。猟の途中で出遭ったりすると、いったん村へ戻って出直すか、現場で厄払いの呪文を唱えて再出発したそうである。

この2つの呼び方は，イリオモテヤマネコとは異なる別の大ヤマネコを指す方言名といわれているが，私は自分の調査結果から，西表島には1種類のヤマネコしか存在せず，方言名はイリオモテヤマネコそのものを指す言葉だと結論している。

　トゥトゥラーは古見集落で使う方言名である。「喘息と結核に効くんですよ。トゥトゥラーを煮るとね，トロトロとした柔らかい白身の肉になってですね，ギラギラと脂肪分が浮いて，暗い所ではボーッと青く光るんですよ。リンでも含んでいるんでしょうね」。そんな話を聞いた。まれにワナに掛かることがあり，集落によってはイノシシと同じように食べていたが，一般には，ヤマネコがワナに掛かった時にはそのまま捨てていたようだ。その姿と強い臭いから，好んで食べるようなものではなかったらしい。

　他にも仲間川中流でワナにかかって死んだヤマネコの死体が腐って大きく膨らみ，臭くて，しばらく舟の通行ができなかった話や，古見山中で銃を使って仕留めたものを大富集落まで運び，共同売店の脇で調理して皆で食べた話など，私は発見以前のヤマネコの話を，あちらこちらで聞いている。

　ずっと古くからヤマネコのことが知られていたという確かな証拠は，新城島に戦前まであった「山願い」の行事の中にある。

　新城島は上地島と下地島の2つからなり，大原と豊原集落の前身にあたる島である。2つの集落を作る以前，新城島の人たちは，舟で西表島へ渡って田畑を作り，木を伐りだして生活していた。それというのも，新城島は隆起サンゴ礁でできた平らな島で，田んぼを開く湿地帯がなく，建築材や舟材として利用するシイ，カシ，イヌマキ，オガタマノキなどが育つところもなかった。そこで，西表島の佐久田や南風見，現在の大原に畑小屋を作って稲作をしていた。当時の西表島はマラリアが蔓延し，安心して生活できるような島ではなかった。だから，人々の生活の本拠はあくまでも新城島であった。

サバニ（手こぎの舟）で西表島へ渡り，仕事をし，荒海を渡って帰るのは容易なことではない。なかでも，家を建てるために木を探し，伐り倒し，海岸まで曳きだし，さらに新城島まで運んでくることは，相当な危険を伴う仕事であった。

　西表島の深山で，樹種，成長具合など利用できる木を探すにしても，それは大変な作業である。日本本土にあるごく普通の植林地とはわけが違う。当時，彼等が目的の木を求めて，島の隅々まで分け入っていたことは驚くばかりである。私が青春をかけて歩いた奥山には，木材を引きずり下ろした道が縦横無尽にはしっていた。もっとも，人が入らなくなって30年余り，現在は唯一残る西表島横断山道を除き，すべての山道はツルアダンやリュウキュウチクに厚く覆われて，往時の痕跡すら残していない。

　このような山仕事への安全を祈願して，新城島では毎年，旧暦の9月か10月の吉日を選んで「山願い」という行事を催していた。

　祭りの日，島の人たちがごちそうを持ち寄って1カ所に集まり，歌を唄い続けている中，選ばれた4人の屈強な若者が，手ぬぐいではちまきをし，腰には山弁当を結びつけ，片手には山刀といういでたちで，山から木を伐りだして，島へもってくるまでの様子を再現するのである。山弁当とは，にぎりめしの入ったワラ製の包みのことだ。

　大きな角材を寝かせ，角材を挟むようにして前後に2人ずつが並び，それを，麻縄と互いの肩に渡した棒で吊し上げて運ぶ。若者は「ヨイサー，ヨイサー」の掛け声もよろしく，山刀で「コーン，コーン」と角材を叩きながら，小高いところから下って来る。そして，手頃な坂までくると，角材を一旦地面におろし，やにわに坂の下へ転げ落とすのだ。この一連の動きを見て，女子供たちは，男たちが西表島の山中で働くさまを想像し，労をねぎらうのである。一方，祭事を司る婦人たちは，御嶽(うたき)に集まり祈祷を続ける。御嶽とは集落内や近くに作られた神社のことである。

「山仕事から帰るまで，ヤマピカリャーに遇わぬようお守り下さい」。西表島には「目の光る大きなネコがいて，人に遇うと爪で目を襲い，喰い殺してしまう。しかも，群れでいることもある」という言い伝えがあり，島の人たちは，このヤマネコを大変恐れていたからだ。「山願い」では，「けがをしないように」，「道を失わないように」など，いくつもの祈りをするが，島の人に山願いの内容を質問すると，決まって「ヤマネコに食われないように」と答えるほど，この行事とヤマネコは関係の深いものだった。もちろん，本物のイリオモテヤマネコは人を襲わない。それどころか，人の気配を察するといちはやく姿を消してしまう。おそらく，ヤマネコの存在を神聖化し，そこから自然に対する畏敬の念を感じることから，安全祈願に発展したのだろう。

　1970年代に，上地島出身で大原に住んでいた古波蔵当清さんとその母，それから，下地島出身の野底惣吉さんに，「山願い」について聞いてみた。太平洋戦争がはじまった1940年代初頭には，「山願い」は催されなくなり，西表島へ移住した後は，人々の生活からすっかり忘れられてしまった，ということである。

位置と気候

　西表島は沖縄県の八重山諸島にある。北緯24度15分から25分，東経123度40分から55分に位置しており，東西に長く南北に短い少々歪んだ四角形をした，面積289.27平方キロメートル，海岸線129.99キロメートルの島である。行政的には沖縄県八重山郡竹富町に所属する。県庁所在地の那覇市の南西430キロメートルに位置し，鹿児島市からは1,000キロメートル離れている。隣国台湾の台北より南で，90キロメートル南には北回帰線がある。
　八重山諸島は日本の西南端に広がる群島で，石垣島（石垣市），

西表島の位置

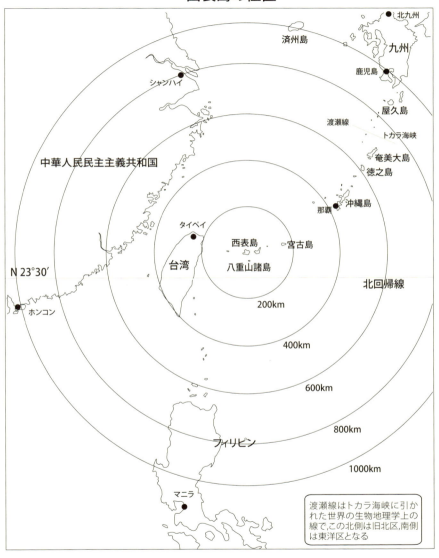

渡瀬線はトカラ海峡に引かれた世界の生物地理学上の線で,この北側は旧北区,南側は東洋区となる

与那国島（与那国町），西表島を中心とするその他の島々（竹富町）からなっている。最西端にある与那国島からは，年に数回だが台湾の山々が遠望できるという。西表島から台湾は見えない。11月末から翌年6月上旬までは，南十字星を見ることができる。南十字星は，11月末は早朝南南西の空にあり，6月上旬は夜8時頃，南南東の空に見える。東京と比べると，日の出・日の入りが約1時間遅く，6月，7月は，午後8時をまわっても，まだ薄明かりが残っている。

　八重山諸島の中で最大の面積を持つ島が西表島である。しかし，政治・経済・交通網の中心は石垣島で，離島への航路はすべて石垣島が起点になっている。ちなみに，石垣島から西表島東部地区の大原へは22.5キロ，西部地区の上原へは30キロの船旅である。

　西表島を地図の中心に据えてみると，日本本土からは距離的に離れ，逆に台湾・中国・フィリピンに比較的近いことがわかる。黒潮の流れを考えれば，それらの国々との関連をおのずと理解できるというものだ。

　屋久島と奄美大島を隔てるトカラ海峡は，生物地理学でいう旧北区と東洋区の境界で，渡瀬線と呼ばれている。それより南にある西表島を含む琉球列島の生物相が，北に位置する本州・四国・九州と大きく異なることを意味している。

　西表島は緯度に比べて気温が高い。これは，北上する黒潮と西太平洋を循環する小笠原環流（暖流）が八重山近海でぶつかり，その影響を受けているからである。

　気象庁の資料によれば，西表島（祖納測候所）の年平均気温は摂氏23.4度，最も暑い7月が28.3度，最も寒い1月でも18.2度である。1年のうち12月から翌年3月までが本州でいう春，あとはすべて夏の気候である。台湾と比較すると，緯度では台中と同じだが，気候的にはむしろ台南に似ている。

　年降水量2,342.3ミリメートル。気温と降水量から見て，典型

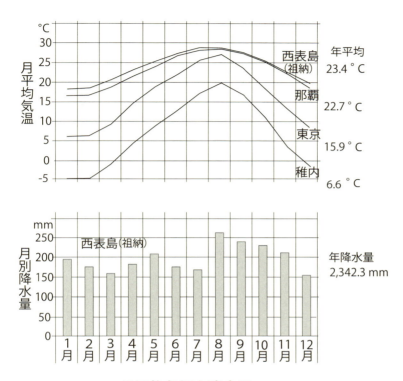

月平均気温と降水量

第1章　ヤマネコの棲む島　21

的な亜熱帯海洋性気候である。雨は年間を通して多く，毎月150ミリメートル以上だが，梅雨期（5月）と台風期（8から11月）が特に多い。

　梅雨期は湿度90パーセントを超える日もあり，蒸し風呂の中にいるようだ。しかし，梅雨が明けるとカラッとした快い気候に変わり，もっとも西表島らしさを感じられる季節となる。しかし，7月末頃からは台風が頻繁に襲来する。台風はふつうたっぷり雨を降らせるが，強風だけが吹いて，海からの塩分で農作物や山野の木々を枯らせてしまう台風もある。

　12月から翌年の3月にかけては連日，5メートルを超す北東からの季節風が吹き，来る日も来る日も雨天が続く。ただし，雨量はさほど多くはなく，気温も決して低くない。

▶地形と地質

　ほとんどが山地で，平地は東海岸にわずかに広がっている。遠方から眺めると台形をした島で，とくに西海岸と南海岸は平地がなく，切り立った崖になっている。

　山は古見岳の469.5メートルを最高峰として，300から400メートルの尾根が幾重にも重なっている。また，稜線近くでは小さな尾根と沢が入り組んで，複雑な地形をなしている。山には，集落名や隣接した島の名前がついたものが多い。たとえばソナイ岳（祖納），コミ岳（古見），ハテルマ森（波照間島），ハトマ森（鳩間島），テドウ山（竹富島）などである。これは琉球王府時代の1739年に施行された制度によるもので，その地域での森林の利用を認めた入会権のなごりであるようだ。テドウの語源はテードンで，竹富島の古い呼び方である。

　水系は非常によく発達し，沖縄県では最も長い浦内川（主流

長18.8キロメートル）をはじめ，仲間川（13.5キロメートル），仲良川（8.75キロメートル）などがある。浦内川は河口付近では川幅200メートルあり，11キロメートル先の軍艦石まで船で溯ることができる。おもな河川は，東部または西部の海岸線に開口している。滝も多い。よく知られたものにマリウドの滝，カンピレーの滝，ピナイサーラの滝などがあるが，仮に人の背が届かない2メートル以上の高さがあるものを滝と定義すると，西表島には1,000以上の滝がある。多くは標高100から300メートルに集中している。

　西表島の大部分は，八重山層群と呼ばれる新生代第三紀中新世（2,400万年前から510万年前）の砂岩から成っている。水分を含むもろい地質で灰色と褐色を主とし，薄層の頁岩（泥が固まったもの）を挟んでいる。さらに，この地層は沖縄県では唯一の炭層を含んでいる。
　河口付近には沖積層が広がる。これは，河川から流出したもので，新生代第四紀完新世のもっとも新しい地質である。
　北東部の古見岳および高那から野原崎にかけて，古生代の石灰岩が分布する。石垣層群と呼ばれる約2億5,000万年前の地層で，大型の有孔虫であるフズリナ（紡錘虫）を含んでいる。同じ北東部にわずかに見られる宮良層は，新生代第三紀暁新世（6,500万年前）の石灰岩で，貨幣石を含んでいる。その他，琉球石灰岩と呼ばれる第四紀更新世後期（40万年前から20万年前）の隆起サンゴ礁が北東部と東部一帯に分布し，そこでは鍾乳洞が発達している。

島のおいたち

約6,500万年前，八重山諸島は海面下にあった。この海に発達したサンゴ礁は，貨幣石を含む濃い灰色の岩石層で，「宮良石灰岩」と呼ばれている。現在西表島の北東部分にわずかに見られる。

約5,400万年前から火山活動が盛んな時代となった。火山灰が積み重なってできる凝灰岩や，海底火山活動によってできる集塊岩が高那一帯や嘉佐半島に分布している。

約3,800万年前，あるいは遅くとも約2,600万年前には，おそらく石垣島を中心として，よく森林の発達した陸塊があったようだ。ただ，八重山諸島全体は，始新世に引き続き浅海であった。このことは，石炭層を挟んだ八重山層群の存在から知ることができる。石炭は海に近い低湿地帯やマングローブなどでできるからである。

約1,500万年前から1,000万年前になると琉球列島は陸化し，中国大陸とも地続きになった。その後700万年から200万年前，琉球列島全体に海域が広がった。これによって琉球列島の原型が誕生した。

第四紀更新世のうちでも，中期から後期は氷河時代とも呼ばれ，約100万年の間に4つの大きな氷期が到来した。氷期と間氷期の繰り返しで，琉球列島はいくつかの陸塊をつくり，大陸と地続きになったり，小さな島に細分化されたりし，現在の琉球列島が形成されるのである。このうち，特に八重山諸島は後期更新世の時代（9から1万年前），中国大陸，台湾と陸続きであったようである。イリオモテヤマネコも，こういった陸橋を伝って大陸から西表島に渡ってきたのである。

植物と植生

　西表島は植物地理学上，旧熱帯植物区系界のマレー区域，南支・台湾・琉球区系区に属する。そのうえ，亜熱帯海洋性気候の影響を受け，沖縄島よりむしろ台湾やフィリピンの植物相と類似している。八重山諸島を北限とする種類も多く，日本本土とはおおいに異なる植物景観を呈している。

　西表島の森林は，世界的に見ても数少ない亜熱帯降雨林である。谷に面した斜面の下部は，オキナワウラジロガシ *Quercus miyagii* を主とした林になっている。オキナワウラジロガシは，樹高20メートル，直径1メートルもの巨木に生長するが，真っ直ぐに伸びている木は少なく，また空洞ができている木が多い。実（ドングリ）は日本のドングリの中では最大で，ウズラの卵よりはるかに大きい。

　斜面の上部や尾根では，オキナワジイ *Castanopsis luchuensis* が優占している。日本本土のイタジイ（スダジイ）*Castanopsis sieboldii* とよく似ており，同種とする研究者も多い。幹は直立し，高さ15から20メートル，直径1メートル以上になる。西表島の原生林における最優占種で，3から4月上旬に黄緑色の花をつけ，山地林全体が若返ったように美しく映える。この2種類に代表される西表島の森林は常緑広葉樹林で，葉の表面の照りが強い樹木が多いため，亜熱帯照葉樹林と呼ばれることも多い。

　林内は暗く下草が少ないが，ヤエヤマオオタニワタリ *Asplenium setoi*，イリオモテラン *Trichoglottis ionosma* など，シダやランが木の枝に着生している。谷筋では高さが3から8メートルにもなる木本シダのヒカゲヘゴ *Cyathea lepifera* をはじめ，多くのシダ植物や小形の草本が生育している。

　標高400メートルを超す稜線や山頂部はリュウキュウチク

オヒルギ

Pleloblastus linearis に被われている。台風や冬の季節風の影響が強く，高木が生育しにくい環境である。日本では西表島と石垣島だけに自生する多年性のシダであるヤブレガサウラボシ *Dipteris conjugata* も似たような環境で育つ。

　西表島では，古くから島民が山へ分け入り，建築・舟材となる有用樹種を伐採してきた。そのため，イヌマキ，オガタマノキ，フクギ，イジュ，コクタンなどの大木は，今ではほとんど見られなくなっている。また，かつてパルプ材を目的とした企業伐採があり，崎山半島全域，白浜周辺から仲良川沿い，浦内川下流の森林が皆伐された。

　海岸ではグンバイヒルガオ *Ipomoea pes-caprae*，オオハマグルマ *Wedelia rodusta*，シロバナミヤコグサ *Lotus australis*，ハマナ

サキシマスオウノキ

タマメ *Canavalia lineata*、ハマササゲ *Vigna marina* などを含む海浜植生が見られる。その後方にはモンパノキ *Messereschmidia argentea*、クサトベラ *Scaevola taccada* といった低木が繁茂し、海岸林の前衛を成している。さらに後方ではアダン *Pandanus odoratissimus*、オオハマボウ *Hibiscus tiliaceus*、ハスノハギリ *Hernandia nymphaeifolia* などが海岸林を形成している。

西表島でとくに目をひく植生はマングローブ（紅樹林）だろう。淡水と海水が混じる川の河口域や遠浅の湾の奥に発達する森林である。マングローブを形成するおもな樹種はヒルギで、ヒルギの多くは呼吸根という、干潮時には呼吸をすることができる根を持っている。

マングローブの奥は湿地林である。大きな板根を付けるサキシ

マスオウノキ *Heritiera littoralis*，パイナップルによく似た果実をつけるアダン，それにサガリバナ *Barringtonia racemosa* などを見ることができる。

生き物

哺乳類　地球の歴史と気候が原因で，西表島の生物相は日本本土とはまったく異なったものになっている。動物，植物を含め，生物相はトカラ海峡を境にしてがらりと入れ代わる。それは，トカラ海峡の成立が特に古いからで，生物地理学の分野でいえば，北海道・本州・四国・九州は旧北区（旧世界の北の地域）に属し，奄美諸島以南の琉球列島は東洋区（アジアの熱帯）に分けられるほど顕著なものである。

　西表島は，とくに哺乳類が少ない島だ。これまでに確認されたものは12種。地上性で在来種と考えられるものは，イリオモテヤマネコ *Prionailurus iriomotensis* とタイリクイノシシ *Sus scrofa*（亜種リュウキュウイノシシ）の2種類だけ。他に3種類の小形コウモリ，すなわちヤエヤマコキクガシラコウモリ *Rhinolophus perditus*，カグラコウモリ *Hipposideros turpis*，リュウキュウユビナガコウモリ *Miniopterus fuscus*（ヤエヤマユビナガコウモリ），及び植物食のクビワオオコウモリ *Pteropus dasymallus*（ヤエヤマオオコウモリ）が分布している。他は帰化種，つまり，本来いなかった動物だが，何らかの原因で侵入し定住したものだ。帰化種はジャコウネズミ *Suncus murinus*，クマネズミ *Rattus rattus*，ドブネズミ *Rattus norvegicus*，イエネコ（野化）*Felis catus*，ヤギ（野化）*Capra hircus* の5種である。他にアブラコウモリ *Pipistrellus abramus* 1頭の捕獲記録がある。

　その他，1962年，1963年の九州大学による学術調査で種類が

わからないクマネズミ属の1種 Rattus sp. が捕獲されている。

　現在，クマネズミはイリオモテヤマネコの餌動物として重要な位置にある。しかし，このネズミは人の移動と共に侵入した新しい動物である。これと関連すると思うが，近年，石垣島の竿根田原洞穴からハツカネズミ Mus musculus，クマネズミ属の1種，ネズミ亜科の1種 Murinae sp.，シロハラネズミ属の1種 Niviventer sp. の化石が出土している。特にシロハラネズミ属の1種は，後期更新世にはすでに棲息しており，完新世にクマネズミが侵入したことで絶滅したと考えられている。西表島と石垣島はごく新しい時代まで陸で繋がっていた。だから，同じ種類のネズミが西表島にもいたと考えるのが自然で，クマネズミの侵入以前，イリオモテヤマネコは，そのようなネズミを食べていたと思われるのである。

鳥類　日本には最初北方系の鳥類が南下し，そこに南方系の鳥が琉球列島を島伝いに数回北上し，現在の鳥類相を形成したと考えられる。北上したものには，八重山諸島にとどまったものから，本州に達したものまでさまざまである。

　八重山諸島にはシロガシラ *Pycnonotus sinensis*，カンムリワシ *Spilornis cheela*，キンバト *Chalcophaps indica*，オオクイナ *Rallina eurizonoides*，ムラサキサギ *Ardea purpurea* が棲息する。すべてここか先島諸島を北限とする南方系の鳥類である

　集落内から，西表島の一番奥，あるいは一番高い所にまで分布しているのがヒヨドリ *Hypsipetes amaurotis*，次いでハシブトガラス *Corvus macrorhynchas* である。私はこの2種の警戒音を聞くことによって，日中，近くで行動しているイリオモテヤマネコの位置を知ることができる。

爬虫類　西表島には3種類のカメを含め，24種類の爬虫類が

カンムリワシ

分布している。アカマダラ *Dinodon rufozonatum*（サキシママダラ），キシノウエトカゲ *Plestiodon kishinouyei*，キノボリトカゲ *Japalura polygonata*（サキシマキノボリトカゲ）等はイリオモテヤマネコにとって重要な餌動物であり，特に3月から10月までの活動期には頻繁に捕食されている。サキシマハブ *Protobothrops elegans* や，時にはセマルハコガメ *Cuora flavomarginata*（ヤエヤマセマルハコガメ）の幼体もイリオモテヤマネコに捕食されている。

　両生類　西表島にはイモリ，サンショウウオの仲間はいない。すべて短尾類（カエル）であり，10種類が確認されている。オオハナサキガエル *Rana supranaria*，コガタハナサキガエル *Rana utsunomiyaorum*，ヤエヤマアオガエル *Rhacophorus owstoni* は八重

セマルハコガメ

山諸島固有種。サキシマヌマガエル *Fejervarya sakishimensis* は本州などのヌマガエル *Fejervarya limnocharis* と同種と考えられてきたが，形態や鳴き声の違いから，現在は先島諸島の固有種として扱われる。アイフィンガーガエル *Kurixalus eiffingeri* は台湾にも分布するが，日本では八重山諸島のみ。ハロウェルアマガエル *Hyla hallowellii* は西表島では2個体の報告があるのみ。オオヒキガエル *Bufo marinus* は中南米原産の帰化種で，1970年代に石垣島へ導入されたが，西表島での最初の確認は1986年である。カエル類は，1年を通してイリオモテヤマネコに捕食されている。

魚類 西表島の陸水性魚類相は，純淡水魚がほとんどいなく，回遊性のものや周辺的なものが多いことが特徴である。これは，西表島の河川が小さく細いため，純淡水魚の生活の場としては狭

いうえに，干満の影響と海水の流入する域が長いことや，滝が多いことなど，独特の河川形態に原因している。また地史的な問題もからんでいるのかも知れない。

　多くはタイ型，フエダイ型，ハゼ型の魚である。とくにハゼ類は河口の汽水域から上流の淡水域へと生活域が広い。たとえばヨシノボリの仲間は中流から上流域に分布し，横斑型，黒色型，黒色大型，中卵型と外観上の変異が見られる。

　ボラやミナミクロダイはボートが遡れる所までのぼっている。また，体の太さが10センチを超えるオオウナギ *Anguilla marmorata* は，汽水域から源流まで広く活動し，とくに源流域では日中でも頻繁に見かける。

　魚のウロコや骨は，イリオモテヤマネコのフンから出てくるが，その頻度は低く，イリオモテヤマネコが積極的に魚を捕らえている様子はない。

　昆虫類　西表島の昆虫相は3つの特徴を持つといえる。琉球列島全体にもいえることだが，ここを北限とする南方系の種が多いこと，固有種が多いこと，それに渡り昆虫が多いことである。

　八重山諸島は台風の通り道にあたるため，土着の蝶以外にフィリピン，台湾辺りから飛来した蝶が一時的に繁殖したり，たまたま食草に恵まれたため，そのまま定着してしまったりするものもある。

　日本では西表島だけにしか分布しないシロオビヒカゲ。上流の沢沿いにしか棲まないリュウキュウウラボシシジミ。その他コノハチョウやナガサキアゲハもいる。アサヒナキマダラセセリ *Ochlodes asahinai* は，今から150万年前から存在している蝶といわれている。食草は山岳地帯の稜線に自生するリュウキュウチクである。

　イワサキクサゼミ *Magannia minuta* はわが国最小のセミで3月

末から6月頃，サツマイモの葉，サトウキビの茎や道沿いのススキにとまってジィーと鳴いている。南方のテイオウゼミと同属のタイワンヒグラシ *Pomponia linearis* は，日本最大のセミである。八重山では，イワサキクサゼミにはじまって，11月のイワサキゼミまで1年のうち8カ月間もセミの声が聞かれる。

　熱帯系の昆虫で，とくに興味深い分布をするものにクロカタゾウムシ *Pachyrhynchus infernalis*，モモブトサルハムシ *Rhyparida sakisimensis* などがある。

　クロカタゾウムシは固さでは定評がある甲虫で，八重山諸島の固有種。低山帯のアカメガシワの幹で見つかるが，光沢のある黒色をした体は強烈に硬く，標本にする時の昆虫針を容易に受け付けない。モモブトサルハムシは先島諸島の固有種である。同属のものは隣接した台湾やアジア大陸には分布せず，紅頭嶼（台湾）やフィリピン，スンダ列島に分布している。

　これらフィリピン系の昆虫に加え，マルバネクワガタ類，日本最大のカミキリであるトゲフチオオウスバカミキリ，イワサキクサゼミ，コノハチョウ，ベッコウチョウトンボに代表されるインド・マレー系の昆虫も数多く棲息し，珍しい昆虫は枚挙にいとまがない。

　その他　八重山諸島には2種類のサソリが分布している。ヤエヤマサソリ *Liocheles australasiae* とマダラサソリ *Isometrus europaeus* である。サソリの仲間は尾部に毒嚢と毒針を持っている。両種とも全長3から6センチメートル。毒はあまり強くない。

　タイワンサソリモドキ *Typopeltis crucifer* はサソリとよく似た形をしているが毒針はなく，尾部は細くなって鞭状になっている。無毒だが，尾の先端から酢酸臭の強い液を出し，これを毒と表現することもある。

　オオジョロウグモ *Nephila maculata* は造網性のクモでは世界最

大の種類だ。山麓部や耕作地周辺，原野で見ることが多い。同じクモの仲間でも，オオクロケブカジョウゴグモ *Macrothele gigas* は西表島のタランチュラともいうべき種類で，黒紫色で艶のあるなかなかりっぱなクモである。山地性のクモでは，この他，腹部に体節構造をもち「生きた化石」とも呼ばれるキムラグモの一種である，イリオモテキムラグモ *Ryuthela tanikawai* など，珍しい種類が分布している。

オオムカデ *Scolopendra subspinipes* は体長 14 センチメートルにもなる。林床の落葉や朽ち木に潜んでいるが，夜間は樹上にも登っている。噛まれると，やけどをしたような激痛を覚える。

人の歴史

西表島にいつ頃から人が住んでいたのか，また，彼等がどこからやってきたのか，詳細はわかっていない。

仲間第 1 貝塚は，今から 4,000 から 3,500 年前のもので，西表島における最古の遺跡である。本州でいうと縄文時代の後期にあたるが，縄文時代と弥生時代の日本からの文化的影響は沖縄本島あたりまでで，先島（宮古・八重山）諸島の先史時代は北から来た文化ではなく，南方的色彩が強い。西表島では，遅くとも 8 から 9 世紀には集団として秩序だった生活形態がとられていたようである。

西表島に関する確かな記録は 1479 年の『成宗大王実録』によるもので，当時，農耕が営まれていたことが記されている。それには 2 年前，すなわち 1477 年に朝鮮漂流民 3 名が与那国島で救助され，送還される途中，西表島の祖納を経由して行ったとも書かれている。彼等の見た島民というのは女の場合，鼻に細くて黒い棒を通していたという。

一方，北方から島伝いに南下したことを暗示している資料も多い。たとえば言語は日本語の1地方語としての琉球方言に含まれる。研究者によれば，八重山に住み着いた先人たちは，数のうえで圧倒的に多かった北方からの民族と，東南アジアあたりから北上した民族とから成り，それらがしだいに融合されていった，と報告されている。

　西表島の総人口は2,398人（2015年12月末）。第2次大戦後の農業移民により，1957年には3,887人を数えたが，20年後には半数を切り，さらに約1,200人まで減少した時もある。しかし，1980年代からはゆっくりと増加の傾向にある。沖縄の日本復帰以降の移住者は，観光関係の職に就く若い人たちや，老後を冬でも温暖な西表島で送りたいという人たちが多い。

　西表島の開拓史は「寄人（よりうど）」と呼ばれる強制移民と廃村の繰り返しであった。なぜこのような強制移民が行なわれたのだろうか。

　1609年（慶長14年），薩摩藩が琉球を征服した。薩摩藩は検地などの結果，琉球国王の禄高を8万9,086石と定め，それを基準に薩摩藩へ米約8,000石の他，様々な物品の上納を命じた。これに対処するために琉球王府は全琉球の村から年貢を徴収したが，宮古・八重山諸島のみこの税体系から切り離し，人頭税という別の制度を採用した。これはそうとうの重税であり，それまでの稲作ではとうていまかなえるものではなかった。そこで，八重山では稲作に適した未開墾の土地があった西表島・石垣島へ，近接した波照間島，小浜島，黒島，鳩間島などから政策による移民が計られたわけである。

　西表島の人口がもっとも多かったのは1690年頃から約60年間で，およそ11,000人が住んでいたとされる。しかし，マラリアなどで人口は減り続け，そのたびに新たな移民がなされたようである。強制移民は1879年（明治12年）の廃藩置県後も続き，1903年（明治36年）になってようやく廃止された。これにより

居住の自由が認められるようになったが，離村が続き，村の人口が急激に減少した。かつては700名を数える時代もあった高那，南風見，野原，仲間などが明治30年代から大正時代にかけて廃村になった。廃村は，上記の他，旧古見，与那良，旧船浦，旧上原，旧浦内，成屋，崎山，鹿川などが知られている。

　西表島は，沖縄県で唯一石炭を産する島である。石炭は1852年（嘉永5年），ペリー艦隊の主任技師ジョーンズが発見したとされる。翌1853年（安政1年），琉球王府は西表島での石炭の存在を日本人，外国人に教えることを厳禁する命令を出した。

　1872年（明治4年），八重山に来た鹿児島藩の林太助が，石垣島で石炭の話を聞き，西表島に渡り石炭を確認した。西表島における石炭の採掘はこの時の林太助も関係して，1885年（明治18年），三井物産によりはじめられた。採炭は第2次世界大戦の敗戦まで60年間行なわれ，一部では1967年まで続いた。炭鉱の中心は内離島であったが，仲良川中流から下流域，浦内川にもあった。とくに宇多良炭鉱は西表島最大の山で，映画館など娯楽施設まで備えた炭鉱村として栄えた。大正時代と昭和10年前後が最盛期だったようで，当時1,400人が働いていたといわれる。

▶ イリオモテヤマネコとは

　本著の主題はイリオモテヤマネコの狩りの行動と食べ物についてである。これらは後の章で詳細を話すつもりだ。

　イリオモテヤマネコは，1965年，西表島で琉球大学の高良鉄夫博士や作家の戸川幸夫氏等の努力で発見され，2年後，今泉吉典博士により新種新属のヤマネコと発表された。

　イリオモテヤマネコは，成長したイエネコと同じか，少し大き

いくらいのネコである。頭胴長（頭部と胴部を含む長さ）50センチ，尾は頭胴長の半分程度の長さ。オスの場合，体重3.5から5キログラムまで大きくなる。胴長で短足，決してスマートとはいえない。しかし，がっしりした4つ足，太くて長い尾，精悍な顔つきは，イエネコよりずっと大きな印象を見る者に与える。胴と尾の上面はコゲ茶色。側面は灰褐色の地に，小さく不明瞭な暗褐色の斑紋が密に分布している。そのため，ヤマネコ全体を暗褐色に見せている。丸い耳，大きな鼻，目と鼻を縁取る白線は，小型ネコというより，トラなど大型ネコを感じさせる。

　イリオモテヤマネコは，集落内と隣接した耕作地を除いて，西表島のどこにでもいる。海岸や湿地帯で目撃することもある。ただ，奥深い山岳地帯より，山麓部や低地に多いようだ。これは餌となる生き物の分布と関連していると考えられる。人の作った山道やイノシシの道をよく利用しているが，ヤマネコだけの道もあるようだ。棲息数は80から100頭と推定され，この数は，私の調査では，発見当時から変わっていない。ただ，最近のイリオモテヤマネコの交通事故死の多さから，もう少し多い数がいるのではないかと推定する研究者もいる。

　普段は単独生活で，夕方から夜間，早朝に活動する。日中はひなたぼっこをしたり，樹上で休息したりしているようだ。2から4月が交尾期で，めったに鳴かないヤマネコの声が聞かれ，2匹の出会いを目撃することも多い。鳴き声は，「ニャーオ，ニャーオ」とイエネコと同じように聞こえるが，2頭が争う時は「ワンワン，ワンワン」と，イヌの喧嘩と同じだ。その後，約2カ月の妊娠期間を経て，初夏に2から4頭の子を産む。子育てには岩穴や樹洞を利用している。樹上での活動は生活の一部であるとともに，田んぼやマングローブ，川に入ることもあり，イエネコのように水をいやがることはない。

　ヤマネコはイエネコと違って，フンに砂をかけることが少ない。

そのため，フンを見つけることは難しくない。フンを分析することで，イリオモテヤマネコの様々な情報を得ることができるが，これも後の章で詳しく述べることにする。

　形態的にはベンガルヤマネコに最も近く，私が長らく研究してきた狩りの行動や休息，毛づくろいの様子を見ても，アジア・アフリカに現存する野生ネコの特徴を持っている。私は後に述べる理由から，イリオモテヤマネコを独立種として扱っている。しかし，現在主流となっている考え方では，ベンガルヤマネコと同種であり，西表島にのみ分布する固有亜種としての位置づけである。遺伝子に関する研究からは，イリオモテヤマネコは約20万から18万年前にアジア大陸のベンガルヤマネコから亜種分化し，約1万年前まであった陸橋を渡って西表島まできたと考えられている。宮古島のピンザアブ洞穴，石垣島の竿根田原洞穴からは，1から2万年前と推定されるヤマネコの骨が出土している。どちらの化石も形態学的な比較は行なわれていないが，ピンザアブ洞穴のものは，イエネコとは異なっていると報告されている。西表島，石垣島，宮古島が地続きだった時代があること，さらには全体が比較的新しい時代までアジア大陸とつながっていたことを考慮すれば，両島で発見された化石ネコが，イリオモテヤマネコと同種であっても不思議ではない。

　イリオモテヤマネコは西表島の生態系の頂点に立つ王者の存在だが，少数であり，道路整備や農地開発，ヤマネコの2倍以上いるイエネコ（野ネコ，野良ネコ）の存在など棲息環境は厳しく，将来は決して安泰ではない。1972年，国指定の天然記念物，1977年には特別天然記念物に指定された。

第2章　直接観察に至るまで

八重山諸島を知る

　西表島がある八重山諸島を知ったのは小学校5年生の時だった。きっかけは，ヤエヤマムラサキという蝶だ。私は小さい頃から蝶に限らず生き物の好きな少年だった。郷里は静岡県の清水市（現静岡市清水区）だが，毎年2月末から11月の末まで，ほとんどの休日は近くの山へ出かけて虫を追いかけまわしていた。ウサギやイヌもよく飼ったし，メジロとかホオジロやヒバリなどの野鳥もずっと家で世話をしてきた。

　そんな毎日を送っていたある日，私は本屋の店頭で今まで見たこともないような立派な蝶類図鑑を見つけた。それまでのものと違って原色写真を使い，説明もかなり詳しいものだった。当時の値段で850円。もちろん小遣いで買えるような代物ではなかったのだが，私は祖母にねだって結局，手に入れることに成功した。祖母はとうの昔に他界したが，図鑑は今でも本棚に載っかっている。

　その本には，私が見たこともない蝶がたくさん載っており，そのすべてが憧れの的となった。なかでもヤエヤマムラサキには惹かれた。品のよいマホガニー色で，メスの翅にはブルーの光沢が浮かび上がっているのである。説明を読むと，日本にいちばん近い産地は琉球の八重山諸島と書かれていた。当時の沖縄はアメリカの施政権下にあり，日本国でありながら「琉球」と呼ばれ，すべてにおいて外国扱いされていた。

　「こんな素敵な蝶がいる八重山とはどんなところなのだろう。どんな人たちがいるのだろうか，蝶の他にどんな生き物がいるのだろう」。小学生の私は，いつしか頭の中に八重山諸島を作り上げ，森の中を自由に歩き回る自分を夢見るようになった。

イリオモテヤマネコに魅せられる

　私が小学生時代からの夢を果たし，初めて八重山の土を踏んだのは，それから10年ほどが経った1965年であった。直接のきっかけは，その年の3月に報道された，「西表島で未知のネコ発見」というニュースである。それは私にとって，衝撃そのものであった。このネコが後にイリオモテヤマネコと命名されるネコである。2年後の1967年，国立科学博物館の今泉吉典博士により新種新属のネコとして記載，発表された。これが学問上の発見である。

　未知のネコが発見された1965年の7月，私は西表島へ渡った。ちょうど20歳の時である。ヤマネコのような顕著な動物が，これまで発見されずにいたことは驚きだったが，西表島では，「大自然が人間生活を圧倒している」という強烈な印象を覚えた。そう感じたのは，急峻な山が海岸にまで迫り，人々は僅かに広がる平地で細々と暮らしていることが理由の1つだ。さらに，集落は現在と同様，東海岸沿いと西海岸沿いにあり，それぞれ東部，西部と呼ばれていたが，東西を結ぶ道がないのだ。同じ1つの島だというのに，自由に行き来ができないのである。これにも驚いた。東西それぞれの集落にあった道でさえ，雨が降れば車の通行ができなくなるような山道だった。

　それにもまして私が驚き，にわかに理解できなかったことがある。それは村人の多くが山のことを知らないことだった。私はいつも1人で山へ入ったから，ルートなど少しでも情報が得られればと，村人に尋ねることが多かった。ところが，猟師や一部の人を除けば，誰も山のことを知らないのだ。じきにわかったことだが，集落のほとんどは第2次世界大戦後，周辺の離島や宮古島，沖縄島からの移住者によって開かれた村であるということだった。村人は開拓に明け暮れし，山へ入ることがほとんどなかったのだ。

ヤマネコの話はたくさんの人から聞いた。しかし，ほとんどはその年の5月，大原中学校の遠足で南風見田浜へ行った際，偶然にも弱ったヤマネコがいて捕獲した話と，そのヤマネコがじきに死んでしまい，東京へ送られたという話だった。なにせ，島民のほとんどが野生のヤマネコに遇った経験がないのだ。

　初めての旅で，私は島の自然にすっかり魅せられてしまった。家業の材木店を継ぐということで一旦はあきらめた生き物の研究者への道だったが，西表島との出会いは，私の人生を決定づけてしまった。これを機に，私は大学をやりなおし，改めて生物学の基礎を学んだ。卒業後は西表島へ通うために，石垣島で教員生活も送った。しかし，1年後には退職し，大学院進学に挑戦した。片手間や趣味としてではなく，研究者として西表島の自然と向き合っていきたかったのである。

　ここからは，私が西表島の自然と出会い，やがてイリオモテヤマネコの研究に専念した時代，そして，その研究によって博士号を授与されるまでのいきさつである。特に，論文には書かなかったイリオモテヤマネコの素顔と，研究にまつわるエピソードを順に紹介していこう。

　現在，野生動物，とりわけ夜行性動物の生態に関する研究では，テレメーター（動物の動きを遠隔から測定する機器），GPS（現在位置を測定する機器），ナイトスコープ（暗視装置），ビデオカメラ，カメラトラップ（自動撮影装置），さらにはDNA解析機器などが，ごく普通に使われている。しかし，そのような研究機器は，私が研究に取り組んだ時代にはなかったか，あったとしても個人では買うことができない高価なものばかりであった。したがって，必要な機器は，廃材を使って自分で作ったりもした。そんな調査だから，得られるデータにも限界があったが，その頃の時代背景からしても，まずまずの成果を上げられたと思っている。止むに

止まれぬ探求心とあり余る体力で突き進んできた青春時代だった。

▶ 島のことなら何でも知りたい

　私に強烈なインパクトを与えてくれた西表島。山や川，自然，歴史や人々の生活，私は西表島のことなら，何でも知りたいと思った。ただ，とことん知りたいと思ったのは生き物のことで，それ以外の分野については，幅広く知識として持っていたいというつもりだった。生き物では鳥，ヘビ，トカゲ，カエルといった大きなものから，昆虫採集はもちろん，サソリ，クモなどの無脊椎動物にも関心を持った。海へ出て貝を集めたりもした。

　東京にいるときは，大学図書館へ通ったり，本屋で沖縄関係の本をあさっては読みまくった。実際のところ，生物を扱った書物は少なく，まして西表島の生物が紹介された本は皆無といってよかった。しかし，どんな分野も面白く，興味は尽きなかった。沖縄や八重山の歴史や風土，年中行事や伝説，言葉なども覚えていった。

　沖縄のこととなると，どんなことにも関心を示す私を見て，「何がやりたいの？」，「研究とはそんなものではない」と，厳しく諭す人もあった。そんな時，ずばり返答できない自分に歯がゆさを感じることはあったが，それで自信を失ったり，自分を情けなく思うことはなかった。人とは違うかも知れないが，自分には自分なりの考え方がある。特に，生き物に関しては，どんなことでも知りたかったし，もっといえば直接見て，触れてみたかった。それぞれの分野を納得がいくまで研究し，その成果を１つ１つ積み上げることで，私は，西表島全体の自然を把握しようと考えていたのである。

　しかし，数年経ってからのことだが，どの分野の研究にせよ奥

が深く，一生かかっても満足のいく成果を上げることができないのでは，と，不安を感じるようになった。知れば知るほど疑問が次々と出てきて，興味ある問題が果てしなく広がっていくのである。このままでは収拾がつかなくなってしまい，西表島全体の把握など，到底かなわぬ幻想に終わってしまうだろうと思った。

　そんな中で，私の中に，ヤマネコの存在が次第に鮮明に膨らんできた。直接ヤマネコを研究することで，大雑把でも西表島の自然を把握することができるのではないだろうか。西表島を1つの生態系，すなわち生き物とそれをとりまく環境として考えた場合，その中心にいるのがイリオモテヤマネコである。島の中で喰うもの喰われるものの関係を辿っていくと，すべてヤマネコに行き着く。つまり，西表島という生態系の中でイリオモテヤマネコはその頂点に位置し，西表島の自然は，イリオモテヤマネコに集約されているということだ。そのことを強く感じた私は，以降，イリオモテヤマネコの研究に専念するようになる。

▶ イリオモテヤマネコの研究をはじめる

　イリオモテヤマネコの話は，西表島へ最初に渡った時からたくさん聞いてきた。しかし，1972年7月以降は研究資料としての情報収集を行なった。そして，イリオモテヤマネコの生態研究に焦点を絞り，その自然な生活実態の解明に努めてきた。沖縄が日本復帰を果たした年からである。

　当初の私は，ヤマネコが西表島のどこに棲んでいるのかさえ，わからないでいた。そこで，まず初めにしたことは島に住む人たちへの聞き込みであった。イノシシ捕りの猟師や森林伐採，営林署（現森林管理所）職員など山仕事に従事している人たち，道路工事の人夫，人里離れて生活している人，さらには当時すでに禁

止されていたのだが，山を歩き回っては黒木（リュウキュウコクタン）や珪化木など金になるものを集めていたヤマシャー（山師）たちにまで，ヤマネコの情報を聞いてまわった。目撃や捕獲したことがある人には，「いつ頃だったのか，どこだったのか，どんな様子だったか」などを詳細に尋ね，記録していった。

「えっ？ 集落のすぐ近くじゃないか」。意外な情報に驚かされることもあったが，少しずつわかってきたことは，ヤマネコは西表島全体の森林に棲んでいる，ということである。里近くの原野や，時には耕作地や海岸にも出没しているということであった。

しかし，里近くには野生化したイエネコ（以降，特に断らない限り，野生化したもののこと）もかなりいる。ワナで捕らえられたりして，ちゃんと証拠が残っているものはいいとして，「ヤマネコを見た」という多くの目撃情報の中には，イエネコをヤマネコと見間違えていると思われる曖昧なものもあった。

そこで，私はこの聞き込みと並行して，フンや足跡やそのほか手がかりとなる資料の収集を進めることにした。西表島のあちらこちらを定期的に歩いては，これらのフィールドサインを探すのである。

初の西表島現地調査

1972年11月，西表島において国立科学博物館による「琉球列島の自然史科学的総合研究」学術調査が行なわれた。沖縄からも宮城宏之，中玉利澄男氏らが参加されている。

メンバーの中に青木淳一氏がいた。青木さんと私は，この年の5月に仙台で開かれた日本動物学会において，コヨリムシに関する共同発表をしている。青木さんから「西表島は全員が初めてだ。ぜひ同行して欲しい」といわれた。私は研究者たちのフィールド

ワークを見てみたかったし，新しい縁ができるかも知れないと期待し，旅費・滞在費とも自己負担だったが，調査団に案内役として参加した。この学術調査では哺乳類班として今泉吉典，吉行瑞子両氏が参加しているが，イリオモテヤマネコに関する調査は行なわれなかった。

　1973年11から12月にかけては，翌1974年度からはじまる国の「イリオモテヤマネコ現地調査」に先だって，予備調査が行なわれた。予備調査は，世界的に著名なドイツの行動生理学者パウル・ライハウゼン博士の働きかけで，IUCN（国際自然保護連合）とWWFJ（世界自然保護基金日本委員会）が費用を負担し，実現したものである。

　ドイツからライハウゼン博士とウルリーケ・ティーデ博士の2名，日本から3名の学者が参加，1名は今泉吉典博士，2名は琉球大学の高良鉄夫，池原貞雄両博士であった。ほかに，実際に山を歩く調査員として私ともう1名が参加した。私には調査団長である今泉氏から直接，参加要請があった。

　予備調査は，イリオモテヤマネコの研究史から考えた時，かなりの成果をあげ，その後の調査研究の大きな原動力になった。自動カメラによる最初のイリオモテヤマネコの写真撮影もこの時である。ただ，その後，共同研究のあり方に対する意見の相違が表面化し，結果的に私はメンバーを降りた。その後，単身西表島へ渡り，そこに住み込んで改めて研究をやり直すことになるのだが，研究の内容については後段に詳しく述べようと思う。

　1973年の予備調査が終わった後，1974年に入ると，私は国立科学博物館分館にある今泉吉典氏の研究室に通い，予備調査中に採集した100例余りのフンの分析をまったくの1人で行なった。1例のフンは通常2から3個のフン塊から成るが，まず，これを水に浸して，ていねいにほぐすことからはじめる。完全にほぐれた後は，例えばヘビやトカゲが出た時は，骨とウロコに分け

て70パーセントアルコールで保存した。ネズミであれば体毛と，骨と歯に分ける。歯はバラバラになっていることも，顎に納まったままのこともあった。昆虫はキチン質だけになっているが，同じ種類が何匹も出てくることが多かった。これらは，すべて種類毎にひとまとめにした。

　一連の作業は，正月明けから3月までのほとんど毎日，早朝から夕方遅くまで続いたが，調査団の一員という理由で，まったくの無給，交通費さえ貰えなかった。それでいて，報告書には私の名前すら載らないという奇妙なことが起こったが，それはもう昔の話にしたい。

　そんな作業を続けているうちに，次年度から新しくはじまる「イリオモテヤマネコ現地調査」は，今泉氏が環境庁から委託を受けるものであり，ドイツの2名，琉球大学の2名とも共同研究者には含まれないことになった。私に関しては，少なくとも1年は西表島に常駐し，指示に従いながらデータを集めることが求められた。ただしこれは、いわゆる作業員としての参加要請であった。それを知ったことで，私の心の中に漠然とした不安が生じた。当時の私は、大学院に在籍しイリオモテヤマネコの研究をしていたから，成果の一部を学位論文のために使いたい。単なる作業員としての参加は，そもそも考えていなかったのである。私はなんどか話し合いを試みたが，結局，納得のいく答えは得られなかった。

　それと同時に，私は今泉氏の唱える「イリオモテヤマネコは，世界中で最も原始的なネコ」という学説を素直に受け入れることができなかった。未熟な若造ではあったが，島として古い歴史を持つ沖縄諸島や奄美諸島ならともかく，新しい時代まで大陸と陸続きだった西表島に，そんなに古いネコがいるとは考えられなかったのである。当時はまだ漠然としたものだったが，「このチームに留まっていたら，もし，私が今泉氏と異なる結論に至った時，

その発表すらままならないのでは……」という心配が脳裏をよぎったのである。しかし，大学院生に過ぎない私が，大御所である今泉氏と議論を戦わせる立場にないことも，十分にわかっていた。そして，この学問上の見解の相違から，私は自主的に研究チームから去ることにした。その後のことは知る由もないが，多分，私が降りたことが原因で，今泉氏の現地調査は，半年遅れの1974年11月，新たに雇った1名の西表島常駐によってスタートした。

「メンバーとして加わっていれば研究費も生活費も心配ない。しかし，それだけで自分を納得させることができるだろうか。たとえどんなに苦しくても，納得できる方法で研究を進めるべきだし，後々のためにもいいだろう」。そう考えたものの，じきに，国による調査がはじまるし，研究上のトラブルが生じるかもしれない，本当に1人でやりきれるだろうか，と，不安ばかりである。私は，これまでの経験と体力から，自分を信じるほかはない。私を突き動かしていたものは，西表島への愛着以外の何ものでもなかった。

▶ 西表島に住んで研究生活をする

そして1974年5月から，私は西表島に住み込んだ。当時は，集落のある東海岸と西海岸を結ぶ自動車道路がなかった。私は東海岸に拠点を置き，豊原，大原，大富，古見，美原など東部地区を主な調査地とした。

しばらくは，イリオモテヤマネコを直接観察するのではなく，フンや足跡，食い残しなど，ヤマネコが山野に残したフィールドサインの採集が中心だった。また，手当たり次第，虫，ヘビやトカゲ，鳥類を捕獲した。これは，フンから抽出される動物片が何であるのかを比較するための標本にするためである。実際のとこ

ろ，フンから出る被食動物は細かく砕かれていて，市販の図鑑では，たいして役に立たないのだ。

　当時は，野外へ出るのはほとんど昼間だけで，夜は家で標本を作ったり，採集してきたフンを水でほぐす作業をしていた。これは，東京の研究室へ戻ったときに行なう分析のための，いわば準備作業である。1 例毎のフンをバラバラにし，70 パーセントアルコールで保存，細かな残渣は濾紙に採って乾燥させ保存した。この作業には，国立科学博物館分館での経験が大いに役立った。さらに，この作業中，フンに含まれるヘビのウロコや鳥の羽毛，コオロギやカマドウマを見ていて，「ああ，こんなものを食べているんだな」と理解し，「種類を知るためには現地で採集するのが一番早い」と，感じ取っていた。そんな体験が現地で無駄なく動くことを教えてくれたのである。

　その頃の日課を話そう。朝，起きるのは 6 時頃。すぐ朝食をとるか，あるいはとらないまま山へ出かける。愛用のオートバイにジョニーという愛称をつけ，「常夏の西表に朝日が差して，小鳥たちが歌をうたう楽しげに，長い道白い道エンジンの音高らかに，今日も行くよ越えて行くよ，私のジョニーが」と，自ら作詞作曲した歌を大声で唄いながら，まだ舗装もなかった赤土と白砂の道を猛スピードで走りぬけていた。

　そして，各所に作った餌場に，夜の間にヤマネコが来ていなかったかどうか，特に自動カメラのチェックをしてまわる。また，ほぼ一定のコースを決め，林道や農道を中心に調査を進めた。なるべくオートバイを使ったが，どうしても行けないところは，小走りに歩きながら資料採集をした。何しろ，1 回で 16 キロくらいを移動するのだから，歩いていたら毎日は続けられない。もっとも，毎日同じコースだから，フンがありそうな場所，絶対にない場所の違いがわかってくるし，石ころ 1 つ移動していても，それがわかるようになっているから，それほど大変なことではなか

った。オートバイで走っていても，ほとんど見逃していなかったはずだ。

　また，2から3カ月に1度，山越えあるいは海岸を伝って西部地区へ行き，1週間前後民宿に滞在し，資料および情報収集を行なった。イリオモテヤマネコ研究のための西表島滞在は，足かけ5年，丸3年ほどであった。当時，私は東京大学の大学院に在籍していたから，帰京の際は，実験室にこもって資料の分析を進めた。

　足かけ5年の間，私の頭の中はイリオモテヤマネコで満たされていた。東京にいるとほとんど毎晩，ヤマネコが夢に出てきた。「昼間，ヤマネコはどこで休んでいるのだろうか」そんなことを考えながら歩いていたら，大きな木の又の部分で腰を落として休んでいる。「あっ，こんなところにいたのか！」。しかし，謎が解けた瞬間，決まって目が覚めてしまった。

　ところが，島に滞在中，ヤマネコの夢を見ることは1度もなかった。研究に疑問が生じたら，自分の足で現場へ行って確かめることも，方法を工夫することもできるし，実際そうすることで気持ちが満ち足りていたからだろう。

　最初の1年半の間は，西表島での生活と研究にかかるすべての費用を，月18,000円の奨学金でまかなっていた。これには理由があった。前述のように，今泉氏とのことがあった後，大学の教官は「今泉氏と会って，仲介してもいい」と言ってくれたり，私の研究に関して親身に相談にのってくれた。しかし，最後は「受験にパスしたのだから在籍することに問題はないが，ヤマネコの研究を指導できる人間は日本にはいないだろうし，この研究室で指導を受けて学位を取ることは考えないで欲しい」と言い渡されたのである。そこで私は，研究室に迷惑がかかってはいけないと勝手に判断し，自分から研究費を使わせてもらうことを辞退したのである。

奨学金のほとんどはオートバイの燃料費と餌代で消えた。ただ，大家や近所の家からイノシシ肉，魚や野菜の差し入れが頻繁にあったから，食べるほうはなんとかなった。さらに大家のおばあちゃんが「みんな安間のものだ」と，私の家の庭でたくさんの野菜を育ててくれた。自分だけでは食べきれなかったから，数軒の民宿に差し上げたりもした。そんなこともあって，客が少ない時は，私もよく民宿でご相伴にあずかったものだ。
　一時，ライハウゼン博士の仲介によるものだったが，アメリカのナショナルジオグラフィック社から奨学金をもらったことがある。涙が出るほどうれしかった。しかし，資料や写真を同社に預けなければならないケースもある。デジタルで保存しておける今と違い，博士論文作成のために資料を使いたい時，それが手元にないのは困る。結局，3カ月で辞退した。
　西表島に住み込んで1年半が経った時，私は友人6名の応援を得て，イリオモテヤマネコの16ミリ映画撮影を行なった。世界初の快挙というニュースは，次の日にはアメリカの新聞にも載った。祝いの電話が次々と教官にも届いたようで，教官がわざわざ私のために話し合いの場を設けてくれた。そして，「信念を曲げないのも，いいことかも知れない」と激励してくれた。そこで，これを機に，私は他の学生と同様に研究費を申請し，その後は，金銭的な心配をせずに研究に専念できるようになった。
　当時の大学院制度は，修士課程2年を修了後，博士課程で3年間研究を続けるというものだった。ただ，博士課程は2年間の延長が認められていた。私の場合，研究の中心を西表島から東京へ移した後も，フンの分析と被食動物の同定に膨大な時間を要し，3年間で博士課程を終えることは到底不可能だった。
　4年目の半ば頃だった。「データも十分に貯まったようじゃないか。この際，まとめてみたらどうか」。教官から思いもよらない言葉をもらった。当時，私は研究の進捗状況や成果を自主ゼミ

や公開講演で積極的に発表していた。教官は，それをずっと見てくれていたのである。「これはチャンスだ」。私は一念発起して論文のまとめに取りかかり，5年目の終わり1979年3月，論文「イリオモテヤマネコの食性と採食行動」で東京大学から学位（博士号）を授与されることになった。

　1984年4月，IUCN（国際自然保護連合）・SSC（種保存委員会）・ネコ科専門家グループ事務局から「インド，カーナ国立公園における世界ネコ研究者会議開催」の案内状が届いた。突然だったが，私はネコ科専門家グループのメンバーではないので「欠席」の返信を送った。すると，「何故欠席なのか」という手紙が送られてきた。私は「メンバーではないこと，参加する交通費も滞在費もない」旨を伝えた。折り返し「一切の費用は事務局が用意する。必ず出席して欲しい。条件はイリオモテヤマネコの詳細を発表することだ」という手紙が届いた。

　会議出席は，私にとって初の海外出張となったが，再会したライハウゼン，ティーデ両博士から，「真実が必ず勝利する」という言葉をもらった。また，両博士からの紹介で各国からの研究者とも知り合いになれた。これは，後に野生ネコに関する重要な情報を得る出会いとなったし，外国誌に論文などを書く機会をもらうことにもつながった。後年，私の教え子の1人が，ヒョウの研究でケンブリッジ大学から博士号を授与されるに至るきっかけにもなった。

唯一，イエネコとの区別が重要

　当時，イリオモテヤマネコは，日本では最も調査が難しい動物といわれていた。世界中で西表島にしか分布していないこと，数が少ないこと，夜行性で警戒心が極度に強いこと，ほとんど情

報がないことが理由である。実際，1965年の発見以来，写真家，映画会社，大学などの調査団がイリオモテヤマネコを求めて島へ入った。しかし，成果どころか偶然に会うことさえなかった。そのような事実が，学者の発言とマスコミによって広がり，イリオモテヤマネコを「幻の動物」に仕立ててしまったのだろう。私はどうだったかというと，西表島で調査をはじめる以前から，「大物に挑む」といった構える気持ちはまったく起こらなかった。

　というのも，西表島にしか分布しないということは，西表島には確かにいるということだ。数が少ないというが，それは絶対数のことで，島の面積から考えれば，少ないとは断定できない。目撃例が少ないのは，夜行性だからかも知れない。車が少なく道も整備されていなかった当時，夜間，遠出する人はほとんどおらず，当然，人とヤマネコの遭遇はほとんどないだろう。さらに，警戒心はどの動物にもある。

　日本の本州，特に関東地方，中部地方は哺乳類の種類が多い。そのことは，同時にフィールドサインも豊かで複雑だということだ。

　タヌキ，キツネ，アナグマ，テン，イタチ，ニホンザル，地域によってはハクビシンとアライグマ，それに野生化したイヌとイエネコが加わる。これらの動物のフィールドサイン，例えばフン，足跡，食痕などは，お互い大変よく似ている。現在では，新しい資料ならDNA解析で主を特定することが可能だが，当時はそのような手法はなかった。典型的な特徴を持つ例はともかく，見かけだけで種の違いを区別することは，実際は不可能に近い。

　ところが，西表島ではどうだろう。地上で暮らす哺乳類はイリオモテヤマネコ，イノシシ，クマネズミ，それにイエネコだけである。イノシシとクマネズミのフンは，初めて見た人でも，それとわかる特徴のある形をしている。大きさの違いも明らかである。具体的には，イノシシのフンは，特に決まった形をしていないが，

そら豆状の粒がくっつきあって、5から7センチの団塊を作っている。1つ1つの粒はヒトの親指の先くらいで、黒色またはコゲ茶色をしている。一方、クマネズミのフンは一般に円筒形で、両端が丸いか、または一方がとがる。ヤマネコやイノシシのフンと比べると極端に小さく、太さ0.5から0.8センチ、長さ2センチ程度だ。黒色の場合が多く、倒木の下、石の下、巣穴などでまとまって見つかる。だから、イリオモテヤマネコのフンを収集する際、ヤマネコのものとイエネコのものの違いだけを区別できればよかった。そう考えると、西表島は研究者にとって、いわば初心者用のフィールドなのである。私は、これらのことにいち早く気づき、その考えは、個人で研究を進めるためのエネルギーともなった。そして、資料の収集にも一層熱が入っていった。

　西表島は、面積の80パーセント以上が森林で覆われている。残りは海岸と、幾つかの集落と、その付近の耕作地である。イリオモテヤマネコのフンは、この集落とそのごく近い部分を除いて、島の全域で見つかる。特に、林道のわき、歩道の中央、岩の上、林地や草地に散在する小さな裸地、パイン畑の森林に接する縁辺部など、周辺よりは多少とも開けた所で見つかることが多い。おそらく、イリオモテヤマネコはこのような所で、好んで排便をするのだろう。私たちから見ると目立つ場所であり、しかも、フンを砂で隠さない傾向にある。草地や林内でフンを見つけることはごくまれであって、これは私のような調査者にとっての、見つけやすさ、見つけにくさの問題ではないように思われる。肉食動物一般に準じることだが、イリオモテヤマネコもフンをサインポストとして利用しているのであろうと考えられる。

　新しいフンは強烈な獣臭がする。だから、そのことも採集の際の目印になってくる。とはいうものの、ヤマネコとイエネコのフンは見た限り形も内容物も同じだ。そんな状況の中で、私は確かにイリオモテヤマネコのものであるフンを採集しなければならな

い。私が進めているのはイリオモテヤマネコの研究であって，西表島に棲むネコ科動物をひとまとめに考えるものではない。

「今はいい。いつか必ず解決できる」。私はそう信じて，ネコに関するものは何でも採集していった。

▶ イリオモテヤマネコの強い獣臭

私はイリオモテヤマネコの資料を集めるため，体力にまかせて西表中を歩き回ったが，そんな過程で幾つかの新しい事実を知ることができた。

まず，食べ残しや自動カメラにかけられた尿から，ヤマネコの尿には強烈なにおいがあることがわかった。厳密には，尿だけでなく，肛門腺からの分泌物が混じっているのだと思う。

においを言葉で表現することは必ずしも容易ではないが，イリオモテヤマネコが持つにおいは，ソウシジュの葉のにおいと似ている。ソウシジュの葉を手でもみほぐして嗅いでみると，ツーンとしたにおいを感じる。これがイリオモテヤマネコのにおいだ。ただし，イリオモテヤマネコのにおいはソウシジュの10倍くらい強く，特に新鮮な尿には鼻を刺すような刺激があり，不用意に吸い込むと，喘息の発作が起きそうになる。尿と同じにおいは，フンにも含まれている。

キツネのフンに，特有の強いにおいがあることを知っている人もいるだろう。動物園で飼育されていたり，日本の高原地帯では珍しくない動物だからだ。イリオモテヤマネコとは違うにおいだが，同じ肉食性の動物としての共通性はあるように思う。

キツネのフンと，完全に野生化して，山野だけで生活しているイヌのフン。大きさや形，食べたものまで同じだ。ところが，においが違う。においにきれいだとか汚いといった表現はあたらな

いが，強いていえば，イヌのフンは汚い，言い換えれば，品がない悪臭がする。イリオモテヤマネコのフンからは，キツネと通じる気高い野生動物のにおいを感じる。

　ソウシジュ（相思樹）はマメ科アカシア属の常緑広葉樹で，高さ15メートル，直径80センチに達する高木である。フィリピン原産といわれるが，現在は中国，台湾をはじめ熱帯各地で街路樹や庭木として植栽されている。日本では明治時代の末，沖縄と小笠原に移入されている。西表島へは第2次世界大戦後，台湾から移入され，道路沿いや学校の庭，公園などに植えられている。

　私が葉といっているものは，実際は葉柄が変化したものだ。長さ8から10センチ，幅0.5から1.3センチ，両端が尖り，3から5条の縦筋が入った細長い刀剣状をしている。

　餌場に新しい器材を置くと，ヤマネコはほとんど常に尿をかける。直接観察をしてわかったことだが，新しい器材を見つけると，ヤマネコは到来直後とは限らないが，餌場に滞在中，それを丹念に調べる。地上に置いたカメラでは三脚の脚の1本1本をなめるようにチェックし，時々後ろ向きになって尿をかける。ただ，尿かけ行動のていねいさ，またはしつこさは個体によって異なっている。それぞれの性格，体験，行動している場所，季節などで違いが出てくるのだろう。こういったことは直接観察によってのみわかることで，自動カメラだけでは，記録されない行動だ。

　尿をかけられると，レンズには渋茶色で半透明の液体がベターッと付着する。これが肛門腺からの分泌物なのだろう。粘り気があり，時間が経つと接着剤のように半ば固まって，1回拭ったぐらいでは拭き取ることができない。

　イヌが電柱や塀に尿をかけるのと同様，イリオモテヤマネコも所々に尿をかける習性がある。おそらく，縄張りを主張するサインポストとして使われるのだろう。また，ヤマネコの体にもにおいが染み付いている。このにおいはしばらくの時間残るので，私

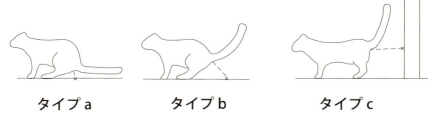

ケイタの排尿姿勢(坂口・古波津, 1984 より)

タイプ a は通常の排尿で, 腰をおとして尾を地面と平行に保ち, ほぼ真下に尿を排出.
タイプ b と**タイプ c** がマーキング行動. 射出時の姿勢は, 対象物が地面や石など低いものでは腰をやや下げ (タイプ b), 対象物が地面に対し垂直なもの (木の幹や壁) の場合は, 通常の歩行姿勢のままで行なう (タイプ c). 尾は尿の射出直前に斜め上方に上げる. 射出時には尾を小刻みに震わせる.

はこれによって, つい今しがたまでヤマネコがいた場所がわかるようになったし, のちに直接観察のための待機中, ヤマネコの接近をこのにおいでいち早く知ることができるようになった。

　イリオモテヤマネコのマーキング行動に関しては, 坂口法明・古波津智代両氏の論文がある。両氏は 1982 年 11 月から 7 カ月間, 当時「沖縄こどもの国」で飼育されていたイリオモテヤマネコの「ケイタ」を, 月 2 から 4 回, 夕方 6 時から翌朝 7 時まで観察した。

　論文は, 全観察期間中の 1 日あたりのマーキング頻度は 31.6 回 (最低 6 回, 最高 160 回)。1983 年 2 月の 2 日間はマーキング頻度が極端に多く, それぞれ 160 回, 86 回で, 月平均では 2 月が 123 回で最高であったと報告している。

　さらに, ふだんほとんど啼くことのないケイタが, 1 月末から 3 月末までの 2 カ月間, 非常に高い頻度で啼いたとあり, マーキングと啼くことの頻度の高まりは, 発情期と深い関係があると考察している。

また，同論文ではケイタの排尿の姿勢には3つのタイプ（a，b，c）があり，タイプaは通常の排尿，タイプb，cがマーキング行動であるとしている。マーキングの対象物はある程度決まっており，主に木の幹，壁，地面等に行なった。ケイタは歩行の途中対象物の方へ向かっていき，そこのにおいを丹念に嗅ぎ，その後対象物に尻を向けて尿を排出したと報告されている。

　ケイタによるマーキング行動は，野生のイリオモテヤマネコに共通したものと考えられ，私が観察したものは，論文にあるタイプcに相当するものだった。

　ケイタは1979年6月15日に西表島美原で保護されたオスで，当時は生後2カ月と推定される幼獣であった。その後1992年に死亡するまで13年間，沖縄こどもの国で飼育され，不明なことが多かったイリオモテヤマネコの生態に関して貴重な資料を多く残している。

　私は1979年7月から8月にかけて，ケイタが発見された地域を調査し，ケイタの父親は後述するヨナラB，母親はアイラCであり，さらにアイラSは，ケイタと同時に産まれた兄弟の1頭の可能性が高いことを明らかにした。また，その後に著した物語『やまねこカナの冒険』（1987．ポプラ社）の主人公「カナ」はアイラSであり，カナを通してイリオモテヤマネコの生態を子ども向けに紹介している。

　池原貞雄博士・小西比古哉両氏は，1980年から1981年にかけて，西表島船浦にある琉球大学農学部附属熱帯農業研究施設内にあるイリオモテヤマネコ野外飼育場において，イリオモテヤマネコの行動を全般的に観察し，詳細な報告を著している。排尿行動に関しては，坂口・古波津両氏とほぼ同じ内容であるが，さらに排便行動を紹介している。

　「飼育個体においては，1日に1から2回の排便が見られた。

排便行動は，地表面のにおいを嗅ぐ動作から始まる。排便する場所が決まると，においを嗅ぐために低く保っていた頭を少し上げ，前方を見ながら少し腰を落とした。前足はそろえられ後肢との間隔は短くなった。尾は地面すれすれに位置し，その先端は少し持ち上げられた。腰は更に深く落とされ，地面から10から20センチに保たれ，尾は後方高くほぼ一直線上に上げられた。
　排便体勢において後方高く上げていた尾を数回下ろし，再び上げることがあった。排便時の尾の上げ下げはフンが数個に分かれている場合にはしばしば観察された。また，排便時に耳介を倒す動作が見られた。この動作は断続的になされ，尾の上げ下げと対応しているようであった」と述べている。

▶ 特徴的な模様のある刺毛

　採集したネコに関する資料は逐次分析し，データの整理も並行して進めていた。そんな中で，フンには鳥の羽毛やネズミの毛に混じって，ネコ自身のものらしい毛があることに気付いた。考えてみれば当たり前のことだ。動物は食後や雨にぬれた時など，丹念に毛づくろいをする。この時口から入った毛が，消化器官を通してフンと一緒に排泄されるのだ。
　「そうだ，これだ」。パッとひらめくものがあった。「この毛を調べればヤマネコのものかどうか判別できるかも知れない」。さいわい，手元にはイリオモテヤマネコの標本があった。私はこれまでに4度，イリオモテヤマネコの死体を入手していたからである。
　最初は1974年だった。ヤマネコの死体を見たという情報を得たが，その死から数えると，回収したのは4カ月も経ってからだった。そのため，骨以外は完全には入手できなかった。あとの3

回は，まだ腐敗がはじまっておらず，毛皮を含めて完全な形で死体を持ちかえることができた。2体はイノシシ用のはねワナに掛かったもの，1体はイヌにかみ殺されたものだった。発見直後に情報をもらい，自分で回収に行ったのである。特に1975年4月4日発見の個体に関しては，私は綿密に刺毛の検査を行った。毛皮を調べてわかったことは，ヤマネコには特徴的な模様を持った刺毛が体全体に分布しているということである。つまり，イリオモテヤマネコのフンには，特徴的な模様を持った刺毛が含まれている可能性が高く，イエネコのフンにはそれが含まれるはずがない。このように，私は野外調査の比較的早い段階で，イリオモテヤマネコとイエネコのフンの違いを識別できるようになっていた。

　池原貞雄博士・島袋正良両氏は，1979年9月から1980年1月まで前述の「ケイタ」を観察し，結果を論文に著している。この中に，フンからヤマネコ自体の体毛が出るという記述がある。「毛づくろいの最中，歯で噛んで体毛を引き抜き，それを呑み込む行為が見られ，時には，口の中に入れた毛のかたまりを吐き出すことがあった」，「フンを分析してみると，飼育当初からヤマネコの体毛が多く見られた」と報告している。

　イリオモテヤマネコの刺毛は長いもので40から45ミリでコゲ茶色だが，毛の半ばから先端にかけての間に1カ所，幅2から4ミリの象牙色の帯がある。これに似た毛はイエネコの一部（トラネコ，キジネコ）にも含まれるが，中央部と基部の色がイリオモテヤマネコでは一様にコゲ茶色であるのに対し，イエネコでは淡色か，色に濃淡が出て数本の帯模様となっている。

　私は，最初に採集したフンにまでさかのぼって毛を調べ，この特徴的な刺毛が含まれているかどうかを調査した。結果は，においから間違いなくイリオモテヤマネコのものと考えられるフンであっても，刺毛を含んでいないものもあった。これに関しては，その後のイリオモテヤマネコとイエネコの分布調査の結果をふま

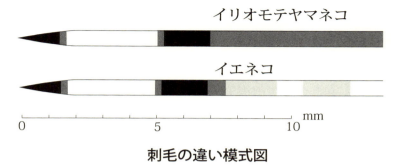

刺毛の違い模式図

中半から先端にかけては両者共よく似ているが，中央部から基部の色が前者は一様なコゲ茶色であるのに対し，後者は色に濃淡が出て数本の帯模様になるか，一様な淡色である．

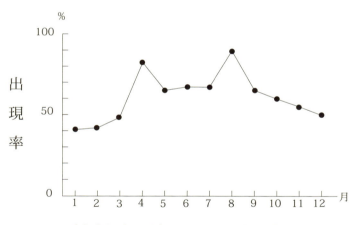

刺毛を含んだフンの月別出現率の変化

4月は刺毛の量が明らかに多く軟毛も含まれていた．8月は特に刺毛が多いとも思われず軟毛をともなわないので，例数が少ないための単なるばらつきの可能性がある．調査フン数は849例で，月平均71例であった．刺毛は通年平均61.2パーセントに含まれていた．

え，イリオモテヤマネコだけの生息域と判明した地域で採集したフンは，刺毛が含まれていないものでもイリオモテヤマネコのフンとした。

イリオモテヤマネコのフンに刺毛が含まれる出現率は，私が調査した849例（1例がいわゆる1回分のフンで，通常2から3個に分かれていることが多い）では，通年平均61.2パーセントであった。冬は刺毛を含む率が低い。4月と8月には刺毛の含有率にきわだったピークが見られたが，4月23例，8月29例と，たまたま両者共に例数が少なく，単なるばらつきに過ぎないおそれもある。そこで，内容物の検討をしてみると，4月のフン内容物では，他の月に比べて，率だけでなく，含まれている刺毛の量も多く，軟毛も並行的に多量に出現していた。これに対して8月は，とくに刺毛の量が多いとも思われず，軟毛を伴っていない。したがって，4月には何らかの事情があるが，8月は単に収集した例数が少ないために含有率にばらつきが生じた結果だと思われる。

また，フン分析とは別に，4月と9月に発見された死体の刺毛，軟毛の状態から，イリオモテヤマネコは4月頃に換毛がおこることがわかった。

足跡にも多少の違いがあることに気づいた。イリオモテヤマネコの足跡は，一般的なイエネコに比べ，多少大きく，僅かに爪跡が付くことが多い。しかし，ぬかるんだ粘土質の道以外では，実際のところ，どちらのネコのものかは区別できない。

このほかヤマネコは1日1回排便し，場所はかなり意図的に決められるらしいことなど，ほんの少しずつではあるが，山野に残されたネコの手がかりから，ヤマネコかイエネコかの違いがわかってきた。それによって西表島における両者の分布もはっきりしてきた。私はこれらを「イリオモテヤマネコ　Ⅰ分布の現状」と題して，最初の論文にまとめた。

カンムリワシを撃退する

イリオモテヤマネコは集落以外，ほとんど全島に分布することがわかったが，資料集めと並行して，私は自動写真撮影を継続していた。餌場にやってくるネコが，確かにイリオモテヤマネコかどうかを確認したかったのである。初期の頃は，古見集落周辺のみに餌場を作っていた。

カメラは1台を除いて，あとは中古を買って改造した。皆，おもちゃみたいだったが，とにかく，判定可能な写真が欲しかったのである。仕掛けはシャッターと餌を糸で結び，肉片を引くと撮影できる仕組である。他にも通り道に糸を張ってシャッターに直結したり，踏み板式もやったが，すべて，1晩に1コマ限りという効率の悪いものであった。

私が試みた自動カメラとは，ボディーにレンズとモータードライブを付けると，1台が25万円もする高級品だった。実は，当時，私はこれまで持っていた実体顕微鏡とは別に，光学顕微鏡のいいものを買おうとせっせとアルバイトをして貯金をしていた。ところが，1974年1月中旬に入って，「これからのイリオモテヤマネコの研究には顕微鏡より，むしろ性能のいいカメラを買ったほうがいいのではないか」と考えるようになった。そこで，光学顕微鏡のための貯金を握りしめ，意を決してカメラ屋へ出かけた。ところが，不運なことに，そのメーカーの製品は翌日が値上げと決まっており，どの店も製品を隠してしまって売ってくれない。それでも，東京23区の大きな店を訪ね歩いて，ようやく，お目当ての機種を展示してある1軒に辿り着いた。「展示品でいいのなら販売しますよ」。店員の言葉だった。もちろん新品だったから，私は躊躇することなくそれを購入した。その判断は間違っていなかったと思う。このカメラは，その後の自動撮影，直接観察でど

れほど活躍してくれたことか。ともに研究を進めた，よき相棒である。

　購入したカメラは，電気レリーズ（リモートシャッター）を付けると，離れた場所から写真を撮ることができた。だから，直接観察の時には10メートルの延長コードに繋いで地上に設置し，シャッターは観察小屋の中で押した。直接観察をはじめる以前は，このカメラを自動カメラとして使った。電気レリーズをヤマネコが乗ると作動する踏み板スイッチに替えたり，糸を引くと通電するスイッチに替えることで，簡単に自動撮影が可能になった。ただ，私にとって一番高価な持ち物だったから，不意のスコールが来ても濡れないように工夫するなど，扱いにはかなりの神経を使った。

　他の自動カメラは，二眼レフカメラを改造して作った。二眼レフカメラというのは，1リットル入りの牛乳紙パックを少し大きくした感じの箱型カメラで，前面に2つのレンズが縦に並んでいる。上のレンズがファインダー用で，上面の蓋を開けるとファインダーになる。下のレンズが撮影用で，絞りやシャッタースピードの調節は，その脇に付いているアクセサリーで行なう。ほとんどが戦後多くのメーカーが開発した安価なカメラで，中古だと3,500円から5,000円で買うことができた。中古カメラ店は東京の山手線沿線だけでも数え切れないほどあり，手頃なものを探すのに不自由はしなかった。

　フィルムは1コマが5.5センチ×5.5センチの正方形で1ロール12枚撮りである。撮影前に1コマごと巻き上げる仕組みで，怠ると二重撮りになってしまう。また，チャージレバーをスタンバイにしておかないと，シャッターボタンを押しても撮影できない。

　「改造」というのは，シャッターボタンを押した状態で固定することと，チャージレバーに引っ掛ける鉤状のピン（ストッパー）

自動カメラのあれこれ

カメラトラップ

シャッター速度や絞り値の調整不要．設置も簡単．

野外の地面や木に括り付けて設置．動物が通ると，体温や動きを感知して自動的にシャッターがおりる．日中はフルカラー，夜間はモノクロだが，動画，静止画像の撮影ができる．膨大なデータを SD メモリーカードに保存，解析はパソコン上で行なう．単三アルカリ電池 8 本で 6 カ月連続使用可．
私が西表島で研究した時代にはなかったが，現在は野外動物調査に欠かせない器材の 1 つ．メーカー・機種は多々あり，比較的安価．自分に合ったものを選ぶとよい．

モータードライブ付きカメラ

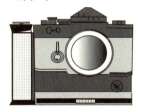

大光量のストロボを装着する．

リモコン端子にリモートスイッチ（踏み板式，センサー式など）を接続する．シャッターがおりると，自動的にフィルムが巻き上げられる．私の時代はフィルムカメラのため，撮影枚数に限度があり，大光量のストロボが必要だった．連続使用でストロボのコンデンサーが壊れることも多かった．現在はほとんどのカメラが電動式だから応用が可能．メモリーカード使用で鮮明な写真が撮れる．ストロボにもスリープ機能があるので壊れにくい．

改造二眼レフカメラ

本来の使い方はチャージレバーをスタンバイの位置に入れ，シャッターを押すと写真撮影できる．改造カメラでは，シャッターボタンを押した状態で固定し，チャージレバーをスタンバイの位置に移動してピンで止めておく．糸が引っぱられてピンがはずれると撮影できる仕組みだ．フラッシュガンを装着して使用．安価だが 1 晩に 1 コマ撮影のみ．すべてを考慮しても，今，これを使おうとする人はいないだろう．

をカメラ本体に取り付けることである。

　撮影の際は，チャージレバーをスタンバイの位置に動かして，ピンで止める。ピンは地上の餌と糸で結ばれているか，あるいはヤマネコの通り道に張られた糸と結ばれている。この糸が引っぱられるとピンがはずれ，チャージレバーが元の位置に戻る。その瞬間，写真が1コマ撮れる仕掛けである。

　何しろ，すべて手作りの小さな部品ばかりで，薄暗い林内で設置していると失敗することも多い。不意にフラッシュバルブが破裂して驚かされたり，フィルムのコマを無駄にすることも度々あった。

　ヤマネコにも決まった道があるようだ。人やイノシシの道も利用するが，ヤマネコだけの道や，危険を察知した時の逃げ道もあるようだ。山歩きをしていると，フンや足跡からヤマネコが頻繁に通る道がわかってくる。自動カメラは，そういう場所に設置するのである。

　ヤマネコはいつ来るかわからない。だから，肉が腐ってしまうことがある。そこで，初めは生きたニワトリを置き，ヤマネコが場所を覚えてからは肉片を置くようにした。また，ヤマネコの攻撃行動を観察する場合にも生きたニワトリを使った。

　現在，餌付けは禁止されている。当然だと思う。ヤマネコ本来の行動を変えたり，家禽を襲うようになる危険があるからだ。しかし，生きたニワトリを使うことは，当時，私に考えられる唯一の方法であった。また，2カ月という短い期間なら，餌付けによる悪影響は出ないことも経験的にわかっていた。

　餌があることを知っていても，ヤマネコは餌場に来ない日がある。しかも，来ない日の周期が一定している。ヤマネコには，餌よりもっと強く行動を規制する「何か」があるということだ。

　餌場が森の中なら大丈夫だが，開けた農道の脇だったりすると，生きたニワトリは時としてカンムリワシに襲撃された。カンムリ

ワシがヘビやトカゲ，カエルなどを捕食することはよく知られているが，まさか，ニワトリほどの大きな鳥を襲うとは思ってもみなかった。これには困ったが，ふと糸満猟師のカラス捕りを思い出して，防護柵がわりに輪にした太めのテグスを地上に立て，その一方を立木に縛っておいた。露天で魚を売る漁師が，こんな方法でカラスから大切な売り物を守っていた。同じ方法がカンムリワシにも通じるのではないかと思い，たいして期待はしなかったが，一応試してみることにした。

ところが，ワナの威力はすごかった。地上に下りたカンムリワシがたちまちにして足に輪を引っかけ，羽音を立てて舞い上がった。この時はテグスを外すのに苦労した。そして，なんと，カンムリワシは二度と同じ場所に来ることはなくなった。

イリオモテヤマネコに遭遇

自動カメラによる撮影は，最初なかなか思うようには進まなかった。糸が切れたり，途中で木の根に引っ掛かったりした。また，シャッターがおちてもフラッシュガンが不発だったり，フィルムが巻き取れなくなったりもした。いずれも，高温と湿気のためだと思う。また，肉片がカラスやネズミに食べられてしまい，ヤマネコが来た時には餌がない，という状況もあった。しかし，自動カメラの最大の敵は，何といってもアリである。カメラをわずか数日間，山中においただけなのに，中にりっぱな巣を造ってしまうのには，驚かされるばかりである。

いくつかの失敗があったが，この無人写真撮影はじきに軌道にのり，それによって，餌場にくるネコは，すべてヤマネコであることがわかった。

1974年10月10日，いつものように餌をセットしたあと，私

はカメラの故障に気づいた。やがてネコが来る時間である。自動撮影の際，餌場に時計を置いているので，毎晩の到来時間が写真に残るのである。私はあせる気持ちをおさえ，ポケットライトをたよりに，地面に腹ばいになりながら修理を続けた。

　「よし，なおった」。ほっと一息ついた時，私はすぐ近くの林に動物の気配を感じた。「ヤマネコだ」。そう直感した。「こないでくれ」。私はどうしていいのかわからなかった。地面に伏せたままライトも消して，ただ震えていた。するとヤマネコが，すぐ近くの藪から跳びだしてきたのである。わずか3メートル，「もう，だめだ」。私はとっさにライトを当てた。2つの目が金色に光り，緑色を帯びた虹彩まではっきりと見えた。「なんと美しいのだろう」。ネコは黒く，想像していたより小さく見えた。次の瞬間，ネコは跳びはねるようにして林の中へ消えてしまった。突

　然のことで驚いた私は,どうしたらよいのかわからないまま,ころがるようにして逃げ帰った。その夜は,もうネコが来ないのではないだろうかという不安と,初めて見た野生の美しさに興奮し,ほとんど眠れなかった。

　翌朝,現場へ向かうときは一層不安であった。ヤマネコは,安全であると信じていた餌場で人間に会ってしまったのだ。「用心深い野生動物だから,もう二度と餌場には来ないかもしれない」という不安と,「危険が去ったと理解したら,いい餌場をみすみす捨てることはないだろう」という考えと。結果は,期待してはいたものの,予想外であった。いつもと同様に餌は食べられ,カメラも作動していたのである。それにしても,よほど慌てていたのだろう。工具やら何やら,あたり一面放り出したままになっていた。自分の慌てぶりと,危険が去ったと考えたヤマネコが悠々

第2章　直接観察に至るまで　69

と餌場に戻って餌を食べた様子を比べると，私は苦笑するしかなかった。同時に，野生のイリオモテヤマネコがどのような行動をするのか，その生態を克明に知りたいという欲求は否応なく高まった。

「よし，やろう」。その日の結果次第では，と考えていた計画を実行に移すことにした。計画とは，ネコに気づかれずに直接観察することである。私には，以前からヤマネコを調査しているのに，その姿を見たことがないという不満があった。同時に，誰もやっていない「直接観察」を試してみたかった。当時，日本では，昼行性のニホンザルなど若干の動物を除けば，組織だった野生動物の直接観察はほとんどなされていなかった。まして，夜行性の動物に対しては，継続的な直接観察を可能とする器材がなく，直接観察の必要性や手法を論じ合う場も皆無だったといってよい。だからこそ，私に「直接観察」という新しい分野を開拓し，自分の仕事を特徴づけていきたいという強い希望が湧いたのである。

私はイリオモテヤマネコの研究を通して，野生動物を直接観察するノウハウを身につけることができた。そして，それは後々の私にとって得難い糧となった。具体的なことは，次章以降で詳細に述べるつもりだ。

その後，私は40歳からJICA（国際協力機構）の海外派遣専門家として，ボルネオ島で哺乳動物の研究と現地の若手研究者の育成に尽力してきた。その期間は30年間に及び，丸16年間を現地で過ごした。世界中のどの研究者よりも多くの動物と出会うことができたのは，直接観察の手法を駆使したからであり，貴重な写真をたくさん撮ることもできた。若い頃は人一倍短気だった私が，ひとたび目標が決まるとチャンスを逃すまいと準備万端にしてあとはその一瞬まで淡々と時間を待つことができるまでに成長したのも，自分の意志ではコントロールできないヤマネコの到来を待った体験からである。

イリオモテヤマネコを追っていた30歳の頃．テントなしで山中や浜で寝たり，樹上で枝にまたがって眠ることもできた．東海岸の大原から西海岸の干立まで，8時間で歩いて山越えもした．食料調達のために，海へ行って素潜りで貝や魚を突いたり，ゴム管（パチンコ）で鳥を撃ち落とすことも普通にできた．少しの睡眠時間でよく生きていたと思う．体力のある野生人だった面もあるが，ただ，泳ぎは今もってだめ．ほとんど泳げない．

第3章　イリオモテヤマネコの採食行動

初めての直接観察

　計画を実行したのは，初めて野生のイリオモテヤマネコに出会ってしばらくしてからだった。天候に恵まれたある日，私はニワトリをおとりにして，近くの木に登って待った。午後3時半，まだ真っ昼間である。初めての待ち伏せなのに案外落ち着いていた。たとえ失敗しても，はじめからやり直す覚悟ができていたからである。

　木に登ってから待つこと3時間，ヤマネコが現れた。しかし，あまりにも明るすぎる。これではネコに見つかってしまう。私は木の幹にできるだけ身を隠すように努めた。ネコはニワトリの斜め後方から滑るように近づいていく。ニワトリは，この危機に気づいていない。

　ネコの動きが速まったと思うと，次の瞬間，ネコはニワトリの首にがっしりと噛みついていた。体をニワトリの前面に移動させ，後ろ足で踏ん張りながら，近くの藪に引きずり込もうとしている。ニワトリは，さかんに羽ばたいている。しかし，鳴き声1つたてない。おそらく，ネコの牙が食い込んで，声が出ないのだろう。1分，2分，3分。ニワトリはまったく動かなくなった。

闇に溶ける悟りの心境

　直接観察は順調に続いた。もっぱら樹上から。もちろん雨の日もあった。しかし，何時間も待った末，ヤマネコがやってきた時の喜びはいつも新鮮だった。

　ヤマネコが餌場へ来るのは，暗くなってからのことが多いが，まだ十分に明るい時もある。明るい時の到来は，カラスとヒヨド

リの連携プレーから知ることができた。

　直接観察の初期からであったが、私はカラスの群れが狭い範囲を執拗に旋回したり、入り乱れて飛びながらゆっくり移動している時は、ヤマネコが近くにいる可能性が高いことに気付いていた。通常カラスの声はカアー、カアーと聞こえるが、ヤマネコがいる時はガアガアと鋭い声で激しく鳴きたてる。同時にヒヨドリが数羽絶叫し、枝から枝へ飛び移りながら移動していれば、下に必ずヤマネコがいる。

　カラスの似たような行動はイエネコに対しても観察された。1977年1月12日、午前11時30分だから、真っ昼間の出来事だ。当時、私は大富集落のほぼ真ん中に家を借りて住んでいた。最初、ガアガアというカラスの声が聞こえてきた。「まさか、ヤマネコがいるはずはないのに」と、庭を見ると、イエネコが1頭歩いていた。その50センチから1メートルの高さを、数羽のカラスが、ガアガアと気が狂ったように鳴き、ネコを威嚇するかのように激しく羽ばたいている。さらに地上にも3から4羽がおり、前後から交互にネコをからかうような仕草をしながら、ネコと共に地上を移動していた。ネコはどうかというと、ある時は前側のカラスに襲いかかるように威嚇したり、ある時は、やにわに振り向いて後側のカラスを威嚇したりし、それでも、少しずつ歩いていた。カラスを威嚇するときネコの長い尾は常に背丈より上方にあり、よく動いていた。

　道端のセンダンの樹上には10羽を超すカラスがおり、それらもガーッ、ガーッと騒ぎ立てるような声で鳴いていた。

　カラスはしばらくネコにつきまとっていたが、ネコが生け垣をくぐって縁の下へ消えた時に追うのを止めた。この間、約5分、カラスが追った距離は40メートルであった。この時の様子は、からかうことを通り越して、集団でネコをいじめているように見えた。

しかし，イリオモテヤマネコに対するカラスの行動は，ヤマネコの存在を仲間に知らせ警戒をうながしたり，食べ残しを期待しているのかも知れない。あるいはイエネコの時と同様，単にヤマネコをからかうこともあるのかも知れない。

　イリオモテヤマネコであっても，幼獣や病気などで衰弱している個体は，カラスに襲われることもあるようだ。私がヨナラAと名付けたオスのヤマネコについてである。初めて遭遇したのは1976年12月16日，西表島北東部の与那良の丘陵だった。以来，1番長く直接観察を続けた個体である。ヨナラAは精悍で，ヤマネコのイメージにぴったりの顔をしている。体も大きく，貫禄は十分だ。ただ，ヤマネコ特有の斑紋が広範囲にわたって消えていたり，深い傷痕が幾つもあり，写真映りは決してよくない。逆にそのことで個体識別が容易にできた。ヨナラAは，夕方，まだ明るいうちに耕作地周辺へ来ることが多いので，時々人に目撃される。放し飼いの子ブタを襲ったことも数回ある。また好奇心の強いヤマネコで，観察場のカメラなどを丹念に調べたりする。

　この個体は，子ネコの時にカラスの集団に襲われたことがあったようだ。以下は，1977年頃，現在も美原に住んでいる高田顕誠さんから聞いた話である。「1973年か1974年の冬の夕方，田んぼの近くで幾羽ものカラスが急降下しては舞い上がる動作を繰り返し，しきりに騒いでいるのを目撃した。不思議に思って現場へ行ってみると，田んぼが切れて丘陵へ続く草地に子ネコがうずくまっていた。1メートルほどの距離に近寄ってもネコは逃げようとしない。そこで捕らえようとしたが，あまり激しく抵抗するので，そのままほっておいた。カラスは周辺でしばらく騒いでいたが，やがて，1羽，2羽と去っていった。その子ネコは何かに襲われたようで，体中に傷を負っており，とくに右腰の部分は一面皮がむけ，化膿していた。おそらくあのまま死んでしまったのだろう」という内容だった。私は高田氏が見たという子ネコは，

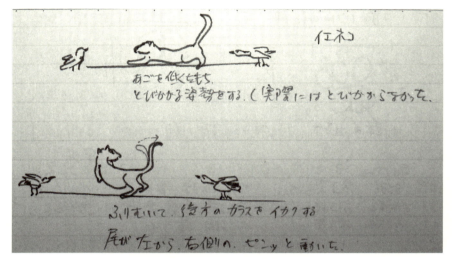

イエネコをからかうカラス
(ノート，1977年1月12日より抜粋)

数羽のカラスがイエネコの前後を挟み，挑発するように鳴き立てる．上空にも近くの樹上にもカラスがおり，激しく騒ぎ立てている．カラスの群れは約5分，40mにわたってイエネコにつきまとった．この間，ネコは防戦一方だった．

行動域や傷の特徴からヨナラAであると結論している。

　一方，イリオモテヤマネコのフン分析から，カラスとヒヨドリは餌動物として鳥類の中では重要な位置を占めることがわかった。以上から両者の異常な声はヤマネコに対する警戒音で，仲間に注意をうながすためと思われる。このことによって私はヤマネコの動きを把握し餌場への到来を正確に予測することができた。梢越しにカラスの群れの位置を確認し動きを追っていくと，イリオモテヤマネコは，直線にして100メートルを，蛇行しながらおよそ10分で移動していることがわかった。

　ヤマネコは通常の歩行ではまったく音を立てない。そのため，餌場への到来を人間の耳で知ることはまず不可能である。ふつう

は，夜の闇をすかして，餌場の周辺に姿を現すのを見つけることで，私はヤマネコの到来を知った。その点，旧暦の10日から14日までの月はありがたかった。闇が迫る時刻にはすでに頭上にあり，梢越しに林床を明るく照らしてくれるのである。

　一方，ヤマネコには強い特徴的なにおいがあり，暗闇でもこのにおいで到来を知ることがあった。ただし，ヤマネコがいれば常ににおうというものではなく，一瞬，風に乗ってフワーッとくる程度だ。その時の風向や湿度などの影響も受け，ヤマネコのにおいなのかどうか，あるいは勘違いだったのか，と自信を持てないこともある。しかし，僅かでもにおったら，ヤマネコが間近に迫ってきていると考えて間違いない。

　私にとって山中で1人ヤマネコと対峙することは，いわば真剣勝負である。下手にヤマネコを脅かしてしまったら，もう2度とヤマネコがその場所に来なくなるかもしれない。研究がゼロに帰する可能性と常に背中合わせなのだ。だから，観察のための待機に入る直前，極めて意識的に気持ちの切り替えと精神の統一を試みる。

　まず地上に置く器材，樹上または小屋の中の器材の準備が整ったら，すべてが正常に作動するかどうかを今1度チェックする。その後座禅を組み，息を吐き大きく深呼吸をする。次に息を止め，目を閉じ，頭の中にあるモヤモヤを捨て去ろうと試みる。そして，再び息を吐き出して目を開けた時には，いつヤマネコが到来しても見逃すことはしないという意気込みの自分に変わっている。

　観察のための待機に入るのは，まだ明るい時刻だ。イリオモテヤマネコが連続してほとんど毎日餌場へやって来る1月から2月の頃は，私も午後4時には現場で待機した。まだ餌場に夕陽が当たっている時間である。やがて陽が沈み，暗くなるのが午後6時半頃。ヤマネコの到来は，冬場は6時台後半が比較的多い。

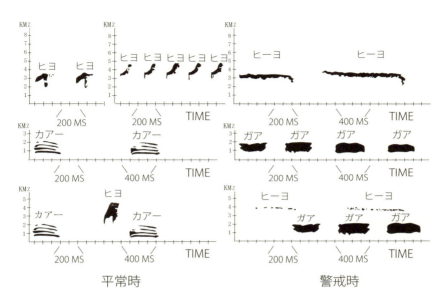

	平常時		警戒時	
ヒヨドリ	150 - 200 MS 3 - 4.8 KHZ	4回/1秒	600 - 1000 MS 3.5 - 4 KHZ	1回/1秒
	または 200 - 300 MS 2 - 3.8 KHZ	2回/1秒		
ハシブトガラス	300 - 350 MS 0.7 - 2 KHZ	2回/1.5秒	300 - 400 MS 1 - 2.2 KHZ	2回/1秒

カラスとヒヨドリの声から
イリオモテヤマネコの位置を知る

サウンドスペクトログラムによるヒヨドリとカラスの声の分析．上段ヒヨドリ，中段ハシブトガラス，下段両者．警戒時ヒヨドリは周波数3.5～4 KHzの狭い幅の声で600 MS（ミリ秒）～1秒と平常より長い声で鳴く．ハシブトガラスは1～2.2 MHzと平常より多少高い声でガア，ガアと激しく鳴く．両者が共に聞こえる時はイリオモテヤマネコがその近くにいると考えて間違いない．

7時を過ぎると森がほとんど闇に包まれてしまう。直接に光が当たっているわけではないが，どこかに月がある夜は，闇に目が慣れてくると，地面が僅かに白っぽく見えてくる。地上にある木々の影は真っ黒で，注視していると，それが動き出すように見えてきて，一瞬「ヤマネコが来た」と，極度に緊張することがある。

　月明かりもなく，特に厚い雨雲がある夜は，漆黒の闇である。餌場の地面はもちろん，自分がいる木の枝さえ見えない状態だ。そんな中で長時間待機している時，自分の体が闇に溶けてしまったような感覚になることがある。魂だけが大きな存在になって，宙に浮いている感じだ。そんな心境に入った夜は，間違いなく心身共にすこぶる快調な時だ。自分の指先も見えないが，音もにおいもなくても，ヤマネコの到来がピタリとわかる。「今だ」と感じた時，そっとライトを点けると，今まさにヤマネコが進入しようとしているのである。私は禅とか宗教には，およそ無縁な人間だが，悟りの境地とは，案外こんなものかも知れないと思ったりもする。

▎継続観察のための餌場を作る

　すでに継続してきた食性調査から，イリオモテヤマネコが特にクビワオオコウモリ，クマネズミ等の哺乳類とヒヨドリ，オオクイナ，ハシブトガラス，ズアカアオバト等の中形から大形の鳥類を食物としていることがわかってきた。

　それでは，イリオモテヤマネコはそのような動物をどのように発見し，接近，捕獲して摂食するのだろうか。私の研究は，西表島におけるイリオモテヤマネコの野生生活を全体として過不足なくとらえる自然史的な調査研究である。平たくいえば，イリオモテヤマネコの野生の姿を明らかにすることであった。この目的の

ために山中に餌場を作り，観察小屋を建て，直接観察を試みた。この過程で，餌場で見られるようなヤマネコの行動についてはかなりの資料を蓄積できた。後に博士論文をまとめる際，この資料が重要な部分となった。

　私が一番魅力を感じ，特に力を置いた点は，すでに述べたようにヤマネコの直接観察である。従来，日本では，昼行性のニホンザルなど若干の例を除けば，組織だった野生動物の直接観察はほとんどなされていないという実情であった。しかも，ヤマネコは夜行性の単独生活者であるため，直接観察には多くの困難を伴う。フィールドにおける指導者もいなかったが，そのことが一層私を奮起させ，数多くの創意を加えることによって継続的な観察を実現させていった。その間1975年8月，財団法人日本環境研究センターの前身である日本野生生物研究会の協力を得て，世界で最初のイリオモテヤマネコの映像を16ミリ映画で撮影することに成功した。

　もともと野生生活の全貌を明らかにするのが本来の目的であるため，行動上の観察といっても人為的な条件づけは必要な最小限度にとどめた。すなわち，ヤマネコの棲息地である林内の空間を利用して，餌場を設け，なるべく周年的に各季節を通じて観察に努めた。

　餌の多くは生きたニワトリを用いた。ニワトリは家禽であるため野生鳥類のような敏捷性に欠けることや，成長したものはハシブトガラスやズアカアオバトより大きい等の違いがある。しかし，継続して入手できることから，これらを主な生き餌とし，以上の欠点を補うために約1カ月間，宿舎の庭で放し飼いにしたり，飼料の量を加減して目的にそうように心掛けた。

　この他，主に地元住民等から入手できた時は，体型の小さな在来種のニワトリ，ハシブトガラス，ドバト，クマネズミ，実験用

マウスも生き餌として使用した。肉片はほとんどニワトリ肉で，たまに西表島でも有数のイノシシとり名人だった大家さんにもらうイノシシ肉も使用した。余談だが，リュウキュウイノシシの肉はやわらかく臭味も少なく実においしいものである。

餌場では通常の観察用具を使用した他，若干の観察用の装置をしかけた。観察用具というのは双眼鏡，カメラ，録音機，ノートと筆記用具など。観察用の装置は照明装置，到来報知器，雌雄鑑別装置，追跡装置など独自に考案したものである。

イリオモテヤマネコの夜間観察が中心になってからの私の日課を話そう。朝，起きるのは8時半か9時頃。すぐ朝食をとるか，あるいはとらないまま山へ出かける。各所に作った餌場に，夜の間にヤマネコが来たかどうか，あるいは，昨晩私が帰ったあと，観察場に再びヤマネコが来たかどうかなどをチェックしてまわるのである。フンなどの資料も，もちろん，あれば採集する。

昼頃になって一旦，家へ帰り，簡単なノート整理と，綿密な今晩の作戦を立てる。必要な器材を準備し，午後4時頃，早めの夕食を済ませて再び山へ向かうのである。

帰宅はヤマネコに会えても会えなくても，夜の10時過ぎから12時。時には朝の3時を回って帰ることもあった。それから食事，観察・撮影機材の手入れ，詳細なノート整理。泡盛を一杯飲んで寝るのは決まって2時か3時になっていた。

イリオモテヤマネコは集落および周辺の耕作地を除けばほとんど全島に分布する。直接観察のための餌場として，足跡，フン，食い残しの他，目撃，捕獲の記録などから，ヤマネコが頻繁に出没する場所を探し出し，地形や宿舎からの距離を考慮して，数カ所を選んだ。ヤマネコは一旦餌場を知ると繰り返し訪れるようになり，数カ月後の調査でも同一個体の訪れが確認されている。そ

餌場の位置

論文のための資料を得た餌場は，西表島東部地区の5カ所であった．
調査当時，北岸道路はなく，東部・西部両地区は繋がっていなかった．

こで特に連日到来するような場所を，餌場に選んで継続観察を行なった。

　選定された5カ所の餌場のうち，4カ所は山岳地帯へ続く丘陵上に位置し，古見餌場はスダジイを主とした林で，農耕地帯が終わってから山中に400メートルほど入った地点にある。20メートルほど離れて山道があるが，日常ほとんど人の往来はない。ナハーブ餌場，宇部良餌場，相良餌場はリュウキュウマツ，アカメガシワを主とした二次林内にあり，それぞれ5メートルの旧林道上，旧パイン畑，旧牧場に位置する。このうち相良餌場は幹線道路より40メートルの地点で，夜間でも時として車が通るが，他の3カ所は，夜間は静寂そのものである。残る1カ所の与那良餌場は，低湿地帯から丘陵部への移行部分のギンネム，オオバイヌビワ，アダンなどの二次林の中にあり，30メートルほど離れた農道に1日数回は必ず車が通る。また500メートルほど離れて幹

線道路があり，特に日中は車の音がよく聞こえる。しかし，夜間の車の往来はほとんどなく，まれにあっても相良餌場のように，幹線道路の至近距離にはないので，ほとんど見るべき影響はない。

　餌場によっては，日没後ヤブ蚊の襲来に遭った。さらに始末が悪かったのが，まだ明るい時間帯のブユの襲来である。ブユに刺されると患部が赤く膨らみ，かゆくて耐え難く，治ってもしばらく凝りが残る。その時は，石垣島で売っていた皮膚に塗るリペラント（虫除け）を使ってみた。米軍の放出品で100ミリリットルのビンが100円だったが，さすが，ベトナム戦争で使用されただけあって，効果は抜群だった。顔や首筋に塗ると，肌がポッポと火照ってきて，耳がジーンと熱くなるのだ。ところが，エナメル質のバッグに付くと表面が溶けてしまうし，傷口に触れると卒倒するほどの痛みを感じた。今にして思えば，結構あぶない薬品だったのだろう。観察小屋を作ってからは，中で蚊取り線香を焚いた。しかし，蚊が活動するのは日没後2時間と夜明け前であって，蚊取り線香を焚かなくても，夜間の観察中に蚊に悩まされることはなかった。

▶ 観察小屋を作る

　当時の私は，マスコミ関係にまったく知り合いがなく，研究成果は，ひたすら手元に蓄積していくだけであった。それは一向に構わなかったのだが，一方，国の委託を受けたイリオモテヤマネコ調査団は，当時愛読者も多かった専門雑誌に逐次「成果」を発表していた。それを読むたびに，「いや，そうじゃない」，「この程度でも雑誌に載るのか」と，私は歯がゆく悔しい思いをした。ただ，記事の中に，「イリオモテヤマネコは非常に警戒心が強く，

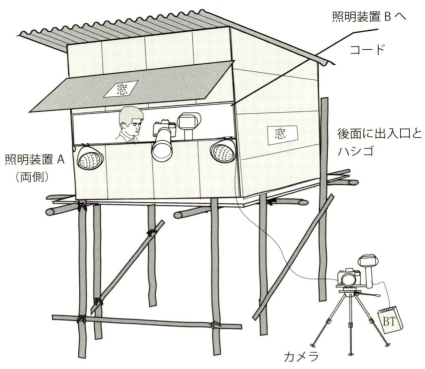

観察小屋

イリオモテヤマネコを直接観察するために,足跡,フン,食い残しなどの記録から,ヤマネコが頻繁に出没する場所を探し出し餌場とした.このような餌場で,天候に左右されず,より自然な行動観察ができるように,餌場の脇に観察小屋を作った.観察小屋は床までの高さ約 1.5m.前面に窓付きの扉を設け,明るい時間帯は扉を閉めた状態で小窓から観察を行ない,十分暗くなってから扉を全開にした.小窓は両側面と後面にもある.夜間観察のために,前面に照明装置 A をとりつけた.出入口は後面にあり,ハシゴは遠方を観察する時のために,屋根まで昇ることができる.
(廃材を利用しているので,実際に使った小屋はイラストよりみすぼらしい)

直接観察は不可能」とあり，調査団は観察をあきらめ，自動カメラによる調査を続けていると書いてあった。このことは，私を大いに勇気づけ，自信を持たせてくれた。私はほとんど毎晩ヤマネコに遇っていたし，写真もすでに数百枚ほど撮影していたのである。

　直接観察をはじめた頃は，樹上で待機し，枝に腰掛けたまま仮眠もした。しかし，突然のスコールに見舞われ，観察用具を抱え込んだまま，十分な観察ができないような事態も起こったりした。

　そこで，すでにある餌場で天候に左右されず，しかもヤマネコと私の間の相互干渉を可能な限り避けて，より自然な行動観察ができるように観察小屋を作ることにした。小屋の骨組みや足の材料は，すべて現場に近い所から灌木を切り倒して使った。床は灌木を並べただけではデコボコで座る事ができないし，屋根も，灌木だけでは雨が降ればびしょ濡れになってしまう。そこで，床板やトタン屋根を，知人を通して廃屋から調達した。

　小屋は餌場とした林内の空地の脇に，地上1.5メートルの高さに作った。ヤマネコは通常頭上から見おろされる場合には，私が静かにしている限り，その存在に気付いている場合でも，ことさらな警戒心は示さない。しかし，地上にテントを張って待機したような場合には，さまざまな工夫にもかかわらず，ついに1度も直接観察はできなかった。結局ヤマネコの直接観察のためには，頭上から見下ろす角度をとることが必須条件であって，一旦慣れてしまえば，かなりの物音をたててもヤマネコの行動を中断させることはほとんどないと考えてよい。したがって付近に利用できる木がない場合には，ヤグラを組むことによって直接観察を可能にすることができる。後述の夜間照明の場合もまったく同様で，頭上から見おろす角度で照明する場合には，急激な光量の変化や大きな物音を伴わない限り，ヤマネコは特別に警戒心を示すことはない。

ストロボ光には無関心

　通常，頭上からの見おろし角度をとることによって，直接観察が可能である。そうはいっても，個体によってはかなり観察の困難な場合もある。5カ所の餌場は，それぞれ異なる個体が利用しているが，1979年夏，相良餌場で観察した個体の場合は，他の4カ所の場合と比べて極めて困難なものだった。この個体はイヌに追われて子供を放棄したことのある成獣メスで，異常に警戒心が強い。そこで薄暮の観察は断念し，僅かに片目だけの穴を残してブラインドを完全にし，写真撮影もひかえ目にするなど細心の注意が必要だった。観察された他のすべての個体の場合には，当初多少の警戒心は示すもののたちまち慣れて，直接観察上の支障はほとんど感じなかった。比較して考えると，相良餌場の個体の警戒心の強さはむしろ異常なものに思われた。この個体の過去の体験と深くかかわるものなのだろう。

　行動上の観察記録として，なるべく多くの写真撮影を心掛けた。1つは地上にセットされたカメラの遠隔操作によるものであり，もう1つは観察中に手もとのカメラによって行なった。写真撮影に伴う機械音については，最初多少の警戒心を示すがすみやかに慣れる。その音が地上からのものか頭上からのものかはあまり関係ないようである。ストロボの閃光にはまったく無関心であるが，フラッシュバルブの破裂音に対しては強い不快感を示す。

　ヤマネコが写真撮影に慣れてくると，カメラの機械的騒音は，何らかの原因でヤマネコがある行動を中断し私を注視している時，その警戒心を解き，もとの行動に戻させる引き金として利用することができる。

　例えば，私が物音をたてたり不用意な動きをして，樹上にいることに気づかれてしまった場合，ヤマネコは食事を一時中断して

私を警戒的に注視し続ける。こんな時，私は極めて意識的に地上のカメラを作動させた。カメラは固定されているので，ヤマネコが画界に入っていなければ一種の無駄撮りになる。そのため，私はこれを「捨てコマ」と呼んでいる。しかし，この時のシャッター音とストロボの閃光で，ヤマネコは私への注視を解き，食事を再開する。ただし，手持ちのカメラだと，直後の僅かな動きでも察知され，逃げてしまうことがあった。

　この段階まででわかってきたことは，イリオモテヤマネコは，においか音あるいは両方，すなわち嗅覚と聴覚で外敵や物事，おそらく餌動物の存在を知るのだろう。そして，それを目で確認し，その後の行動に移る。どのように動くかは，その時の状況で異なるが，目で見ただけで逃げたりすることは絶対にない。例えば，私が森の中で一休みしていたとする。ヤマネコは汗のにおいやちょっとした物音で何かがいると察知する。そして，梢越しに目で私の存在を認識する。しかし，ここからである。おそらく緊急の危険性を感じた場合，瞬時にして逃げる。すなわち退避行動をとる。何となく怪しいが，特に危険を感じなければ，ゆっくりとその場から遠ざかる。危険でないと判断すると，当初の行動に戻る。休息だったり餌探しだったりする。こうしてヤマネコの判断と反応の仕方を知ったので，私はヤマネコに見つかっても，慌てないでいられるようになった。

　観察小屋のおかげで，雨の中でもヤマネコを待つことが可能になったし，観察を中断することもなくなった。もちろん，特に雨に弱いカメラや双眼鏡，ノートなどをぬらさずにすむようになった。さらに，ヤマネコが帰ってしまった後，そのまま朝まで仮眠することもできる。

照明装置の工夫

「ヤマネコは，光やにおいを極度に警戒するから」と，アドバイスしてくれる人がいた。人工的なものは遠ざけろというのである。「タバコがやめられないので，動物研究をあきらめた」などという人もいた。

私も最初は同様の心配をした。しかし，当時60万円もしたナイトスコープや，赤外線ストロボを買うことは，まったく考えなかった。第一，買える金などなかったのである。光については，「夜行性動物は日中，光がある時は歩くことができないのか」，「稲光を見ると失明するのか」と仮説を立てて自問した。「いや，そんなことはあり得ないはずだ」と考え，とにかく，手持ちの器材を使い，普通に観察することを試してみた。そして，結果として，カメラのフラッシュも車のライトも，それ自体はヤマネコの行動を左右する障害にはならないことを確認した。

ヤマネコは，カメラのフラッシュには最初から無関心だった。何度光らせても反応しない。においに対しても同様である。私はタバコを吸わないが，蚊取り線香を焚いてもまったく問題はない。

餌場は林内にあり，その上ヤマネコはほとんど日没後にやってくるので，観察には若干の工夫が必要だった。まず夜間照明についてであるが，ヤマネコは突然の点灯や地面に近い位置からの直接照明には驚いたり警戒して近づかなかったりすることがわかった。そこで，餌場の中心部でのヤマネコの行動を直接観察するための「照明装置A」および餌場の周辺部でのヤマネコの去来を観察するために「照明装置B」を考案した。両装置とも自動車のヘッドライトと12ボルトのバッテリー，スライダック，リレースイッチなどを組み合わせた簡単な装置だが，その使用はヤマネコの習性を考えて工夫する必要がある。

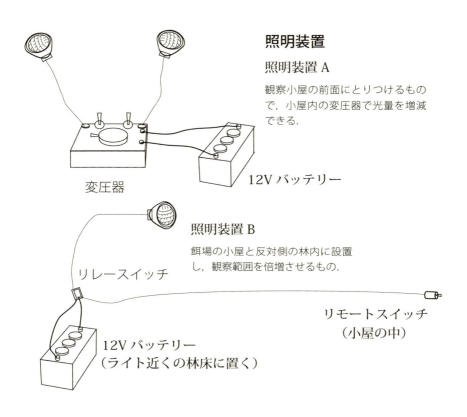

照明装置

照明装置 A
観察小屋の前面にとりつけるもので，小屋内の変圧器で光量を増減できる．

変圧器　　12Vバッテリー

照明装置 B
餌場の小屋と反対側の林内に設置し，観察範囲を倍増させるもの．

リレースイッチ

12Vバッテリー
（ライト近くの林床に置く）

リモートスイッチ
（小屋の中）

　バッテリーは通常2個。日中，家で充電して餌場に持参，観察が済んだら家に持ち帰り再び充電する。毎日がこの繰り返しで，カメラ器材とバッテリーを一緒に担ぎ，山道を歩くことは相当にきつかったが，これ以外の方法は考えられなかった。バッテリーからは，気づかぬうちに液漏れが起こっているのだろう。1カ月もすると，作業服に穴ができて全体がボロボロになった。あまりにも荷物が多いので，ヘッドライトや地上に設置する三脚などは，普段観察小屋に置いておき，家には持ち帰らなかった。
　照明装置Aは観察小屋の前面に装着し，点灯や光量のコントロールが自由にできるように細工してある。これを，ヤマネコの

頭上から見おろす角度で照明し，しかも観察者の直前に置くことが肝心な点である。ヤマネコが餌場の縁に到来して間もなくの頃から点灯可能だが，ヤマネコの行動を注意しながら急激な変化をさけて，徐々に光量をあげる。万一ヤマネコが光を嫌って去っていっても，光量を絞って再来を待つようにするとじきに慣れてくる。ヤマネコが光に慣れて，餌のニワトリを積極的に攻撃する頃には，光量を最大限に上げて十分に観察することができる。

　観察装置Bは観察小屋の反対側の餌場周辺部樹上にとりつけ，その樹下にバッテリーを置き，リレースイッチから観察小屋までコードをひき，自由に点滅できるようにしたものである。この装置は前記の照明装置Aの光量を，最大限にあげた時点で点灯するのが肝心であり，これにより観察範囲を倍増させることができる。

▶ イエネコが嫌う到来報知器

　上述の人工照明ではバッテリーの容量によって照明時間が制限されてしまう。全光量で使用するとせいぜい30分のみである。そのため普段はヤマネコが餌場の縁に到来した時点で点灯させる。しかし闇の中で，ニワトリの絶叫で初めて到来に気づき，肝心なヤマネコの殺しのテクニックを見逃してしまうことがあった。また連日，夜間観察を続けるためには，疲労が翌日に残るようでは困るのである。そこで，私はヤマネコの到来をなるべく早目に確実に知るために「到来報知器」を考案した。この装置は暗闇や，特に私が眠っている時に，餌場へのヤマネコの到来を知らせる装置である。小肉片に糸をつけ，ヤマネコが肉片を引くと小屋の中にある手元のランプが点灯するか，またはフラッシュガンが発光するようにしたもので，見落としを避けるために餌場の周辺にと

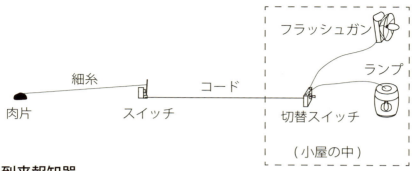

到来報知器

暗闇での待機中に，餌場へのネコの到来を知らせる装置．
スイッチは地上に設置．肉片とスイッチを結ぶ細糸は50cmから1mの長さ．切替スイッチ，フラッシュガン，ランプは観察小屋の中にあり，2つのスイッチは10mのコードで繋がっている．
待機中，切替スイッチはランプ側：ランプが点灯して到来を知らせる（無音）．仮眠の時はフラッシュガン側：閃光と破裂音で目が覚める．

りつけた。観察目的によっては餌場の肉片そのものにとりつけた場合もある。さらに，肉片ではなく餌場の外縁に細糸を張り，到来報知器を直結した期間もあった。小肉片と到来報知器のスイッチ部分を結ぶ糸は50センチから1メートルの長さ。そこから10メートルのコードが伸び，小屋内の切替スイッチを経て，ランプとフラッシュガンに繋がっている。

　ヤマネコは通常の歩行ではまったく音をたてない。餌場への到来を耳で知ることはまず不可能で，姿を見て初めて知ることが多かった。時折，姿を見る前に到来を知ることがあったが，それはヤマネコ特有のにおいによるものであったり，あるいは到来がまだ十分に明るい時で，カラスやヒヨドリの警戒音によるものだった。しかし，一般には夜の暗闇をすかして餌場の周辺に姿を現すのを見つけることでヤマネコの到来を知り，実際，到来報知器の作動で助けられたのは，到来時間が深夜から早朝になった数回だ

けだった。この場合，ランプをフラッシュガンに切り替えて，仮眠中でも気付くようにしておいた。パシーッという鋭い音で，目がさめるのである。

　到来報知器には思いがけない効果があった。フラッシュガンに切り替えた場合，肉片を引いたものがイエネコであれば，フラッシュバルブが破裂した瞬間に，肉片をとり落として一目散に逃げてしまうのである。ところが，ヤマネコは単に一時閃光の方向を注視するだけで逃げ出すことはない。この習性の差から，イエネコよけとして意識的に利用したこともあった。

　野外で生まれ，野外で生活するイエネコは，見かけ上はヤマネコと変わらない。ところが人為的な物音には極めて敏感に反応する。例えば餌場で食事中，私が棒でトタン屋根を思い切り叩いたとする。ヤマネコであれば一瞬身構えるものの，逃げ去ることはない。まず，音の原因が何であるのか確認しようとする。しかし，しばらく音を出さないでいると，やがて警戒を解き，再び食事を続ける。一方，イエネコは，音がした瞬間，跳びはねて逃げ去る。その方向も定まらず，時には牧場の鉄条網に突進して身動きできなくなることさえある。

　別の実験だが，細ヒモの先端に魚をくくり付けて，餌場の真上に吊した。上げ下げは小屋から調節でき，待機の間は十分な高さにとどめておく。ヤマネコまたはイエネコの食事中，頃合いをみて，これをそっと下げていく。やがて魚はネコの体に触れる。

　これに対して，ヤマネコでは複数の個体ともまったく同じ反応を示した。いずれも，ほとんど気にせずに食事を続けた。そこで，私は一旦魚を釣り上げて，1メートルの高さからドーンと落とした。すると，ヤマネコは一旦食事を中断したものの，逃げることはなかった。少しの間，目と鼻で魚を物色していたが，結局，口にすることなく，地上にある鳥肉片を再び食べた。吊した魚はブダイで，独特のにおいがある。この実験以前にブダイの肉片を

地上に置いたことがあったが，この時もまったく口にしなかった。あるいは，別の魚だったら食べたのかも知れない。一方，イエネコでの実験では，魚が体に触れた瞬間，食事を止めて逃げ去り，その夜は再来しなかった。空き缶や石をぶつけた時も，同様な反応を示した。一見，同じような野生生活をしていても，両種には「異常」に対する反応が，それぞれ違った形で脳にすり込まれているように思える。

　イリオモテヤマネコとイエネコの習性の違いは他にもある。よく知られていることだが，イエネコは道路に跳び出すことがある。イノシシもそうだ。しかし，イリオモテヤマネコは不意に跳び出したりしない。

　では，何故イリオモテヤマネコの交通事故死が頻繁に起こるのだろうか。すべて，運転手の前方不注意とスピードの出し過ぎが原因である。イリオモテヤマネコは道路をゆっくりと横断する。だから，普通に運転をしていれば，衝突を避けることも停止することもできるはずなのである。

雌雄鑑別装置

　私が，観察初期から気になったことの1つに，いつも餌場に来るヤマネコがオスかメスかという問題があった。イリオモテヤマネコは，その大きな太い尾を，ほとんどいつも垂らしていて，性器を確認することは，ほとんど不可能である。

　こんな話もある。私の餌場の1つに，まだ，直接観察をしたことがない場所があった。ここを1975年3月にドイツから再訪した2人に提供したら，1人は「自分の見たヤマネコはオスだった」と，もう1人は「メスだ。しかも，妊娠していた」と主張したのである。見た日が違うし，両方が来る可能性もあるから2人とも

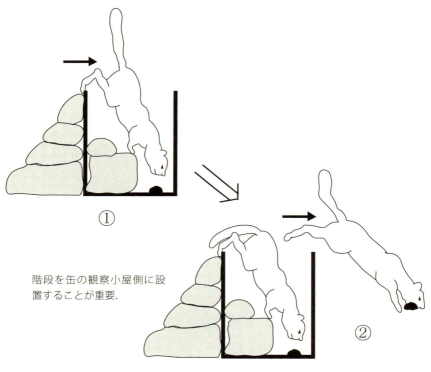

階段を缶の観察小屋側に設置することが重要.

雌雄鑑別装置

自動車オイル用 20 リットル円筒缶を使用して, ヤマネコの性器を観察する装置. ①ヤマネコが肉片をくわえる瞬間か, ②カンから跳びおりる際に尾を持ち上げる習性を利用している.

正しいのかも知れない。しかし，懐中電灯だけでは十分な観察は無理だし，証拠の写真などが何もないのでは説得力に欠ける。

このことでは，私はそれまで偶然の機会に依存していた観察個体の雌雄の鑑別を，必要に応じて随時できるようにと，すでに簡単な仕掛けを考案していた。

最初は，木に肉片を吊し，ヤマネコが後ろ足で立ち上がったとき，写真を撮ることを試みた。これでもある程度は成功した。しかし，ヤマネコの立つ方向が定まらず，十分な成果を得ることができなかった。度重なる観察で，ヤマネコが必ず尾を高く上げるのは，次に挙げる5つの場合であることに気付いた。すなわち，勢いよく獲物を襲う，固定した肉片を力一杯引っ張る，跳びおりる，背伸びをする，たて穴に潜る，の場合である。しかし，前者の3つは瞬間的だったり動きがあるため，鑑別のチャンスを逃しやすい。後者の2つは，数秒間続く動作であるが，背伸びはいつやるのか，その時の方向も定まらない。そこで考えたのが，たて穴に潜る時を利用した方法，名付けて「雌雄鑑別装置」である。ヤマネコが尾を上げた瞬間に直接性器を確認する装置で，単純だが極めて効果的だ。

これは，空になったエンジンオイル用の20リットル円筒缶を立て，底に肉片を置くのである。缶の高さは50センチである。そして，私が座る観察小屋に向けて，石で階段をつける。当時は道路建設が盛んに進んでいる時だったから，ブルドーザーやダンプカー用のオイル缶は，どこへ行っても道路脇に捨ててあった。

ヤマネコは最初，かなり警戒するが，安全とわかり，しかも肉の存在を知ると細い円筒缶に潜り込む。その瞬間，尾は空中高々と伸び，性器が現れるのである。私は，この時とばかりに，カメラにおさめ，同時に肉眼で確認をする。雌雄鑑別装置では，ヤマネコは肉片をくわえるとき，また肉片をくわえて跳びおりる時も同様の姿勢になる。

追跡装置

　餌場での行動観察を目的として，通常，私は，肉片や生きたニワトリを餌場中央の地面に固定した。しかし，自然な状態では，ヤマネコは狩った獲物を自由に持ち去ることができるはずだ。では，どのように，また，どこまで運搬するのか。それを調べる目的で，私は「追跡装置」を考案した。これはフィルムのパトローネの軸を糸巻きとして，軽くて丈夫な極細の漁網用ナイロン糸を巻き，それをフィルムケースに納めたものである。そのケースを餌であるニワトリの足に固定し，ケース中央の小孔から糸を引き出し，その端を餌場の地面に固定しておく。これによりヤマネコがニワトリをくわえて移動すると，この追跡装置から糸が繰り出されて，移動の軌跡を糸が忠実に示すことになる。完全に巻ききった状態で全重量15グラム，約100メートルの追跡が可能である。当初，糸巻きを地面に固定し糸の先端を餌に結びつけたが，この方法ではトラブルが多くて実用に耐えなかった。糸に抵抗が

追跡装置

フィルムケースと軸を利用，漁網用ナイロン糸の最も細いものを使用．装置を餌に装着し，一方の端を餌場に結びつける．ヤマネコの移動につれて糸が引き出されヤマネコの歩いた所を示してくれる（全重量15g）．

第3章　イリオモテヤマネコの採食行動　　97

加わるので，餌を中途の所で食べたり，糸が切れてしまうのである。しかし，前後を逆転させることによって，劇的に成功を納めることができた。

　ヤマネコが餌を運び去る距離は，繰り出された糸の長さが3から50メートル，直線ではほぼ20メートル以内で，遙か遠くまで運び去るわけではないことがわかった。

1個体1日毎の行動の記録

　私は上述のような装置や器具を用いて，ヤマネコへの影響がない限りなるべく直接的に実証的な資料を得るように努めた。餌場におけるヤマネコの行動観察にあたっては，餌場の見取り図に，セットされた餌とヤマネコの両者の動きを時間を追ってプロットし，必要なメモを付記した。ヤマネコが去った後，まだ記憶のなまなましいうちに記録を完全なものとし，1個体1日毎にとりまとめ，後に写真撮影の結果などと照合した。

餌場での観察概要

　餌場を設定する際は足跡，フンなどの情報が多い場所を探したが，餌場の毎日の点検や器材運搬の便利さから，なるべく農道などが近くにある場所を選んだ。それ故，西表島全体から見れば餌場は里近くの丘陵地帯に集中している。このことは，イリオモテヤマネコの餌場の利用度や，到来の時間に影響を及ぼしたことだろう。

　同一餌場を利用するヤマネコは，季節に関係なく決まっており，ヨナラA個体の場合は餌場を設ける以前から，4年半ほぼ同

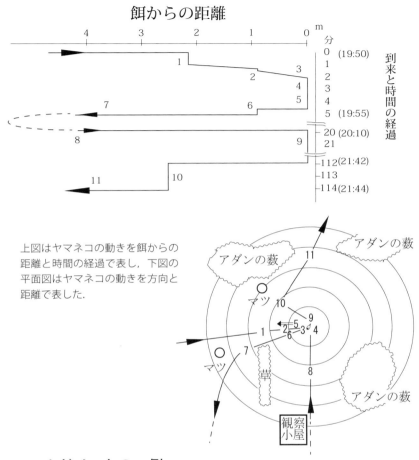

フィールドノートの一例

（ヨナラ A，1977 年 2 月 24 日）

① 19 時 50 分，ヤマネコが土手のスロープに現れ，1 分間周囲を見渡した．② 餌から 1m の位置で 10 秒間，餌を注視．③ 攻撃．④ 30 秒間，噛み続ける．⑤ 2 分間，全力で餌を持ち去ろうと引っ張り続ける．⑥ 一旦，餌を放置して 1m の位置で 20 秒間ふり返って見る．⑦ 勝利の行進で土手を通り，餌場から消え去る．⑧ 20 時 10 分，再来．⑨ 1 時間 22 分，食事をとる．⑩ 土手で 2 分間毛づくろい．⑪ 21 時 44 分，ゆっくり西へ去る．

じ地域で生活していることがわかっている。このことから個体毎の生活域は、大きな人為的な攪乱がない限り、少なくとも数年間は基本的に変化しないと思われる。しかし、それにもかかわらず、餌場の利用は夏季に少なく、秋から冬季に多いというはっきりした傾向がある。夏季にはフンや足跡が少ないことや、餌や育児のことを考慮すると、ヤマネコは夏季には生活の場を多少とも山地へ移動していることを示唆しているのかもしれない。餌場ではヤマネコがいやがるような刺激は極力避けているにもかかわらず、1回だけで来なくなった例が2箇所の餌場で計3個体あった。危険を察知して来なくなったのか、あるいは、餌場がそのヤマネコにとって行動圏のはずれにあり、訪れる頻度が少ない場所なのかは、わからなかった。この2箇所の餌場は、待機日数と観察できた日数から見て、はなはだ観察の効率が悪いため、短期間で閉鎖した。

　これらの例とは異なり、連続して餌を与え、毎日餌があることをヤマネコ自身がおそらく知っているにもかかわらず、餌場へ来ない場合もある。そのようなときは周辺一帯で何の情報も得られないことが多い。ヤマネコは餌場から何日も遠ざかっているのだろう。特に、餌場への到来頻度が減る夏季には、餌以上に彼等の行動を左右する他の要因が存在していると思える。与那良餌場は、B個体にとって行動圏の東南のはずれ近くに位置するが、餌場へ来なかった日はその行動圏の北西のはずれと考えられる場所にいたことが、ラベル入りのフンで裏付けられた例がある。

▶2頭が遇えば必ず争い

　直接観察した5カ所のうち4カ所で、2頭またはそれ以上の個体を確認した。1頭のみ観察したナハーブ餌場でも、200メート

古見（コミ）餌場

年	月	日付
1974	6月	⑥ ⑦ ⑧ ⑨ ○ ⑪ ⑫
	7月	⑬ ○ ⑮ ⑱ ⑲
	8月	⑥ ○ ㉓ ㉖
	10月	⑤ ⑥ ⑦ ⑧ ⑨ ⑩ ⑪ ⑫ ⑬ ⑭ ⑮ ⑯ ⑰ ⑱ ⑲ ⑳ ㉑ ㉒ ㉓ ㉔ ㉕ ㉖ ㉗ ㉘ ㉙ ㉚ ㉛
	11月	① ② ③ ④ ⑤ ⑥ ⑧ ⑨ ⑩ ⑫ ⑬ ⑭ ⑮ ⑯ ⑰ ⑲ ⑳ ㉓ ㉕ ㉖ ㉘ ㉙ ㉚
	12月	③ ④ ⑧ ⑩ ⑪ ⑫ ⑬ ⑮ ⑰ ⑱ ⑲ ⑳ ㉒ ㉖ ㉚
1975	1月	○ ⑥ ⑰ ⑱ ⑲ ⑳ ㉑ ㉒ ㉓ ㉔ ㉕ ㉖ ㉗ ㉘
	3月	⑯ ⑰ ⑱ ⑲ ⑳ ㉑ ㉒ ㉓ ㉔ ㉕ ㉗ ㉘ ㉙ ㉚ ㉛
	4月	① ③ ④ ⑤ ⑥ ⑦ ⑧ ⑨ ⑩ ⑪ ⑫ ⑬ ⑭ ⑮ ⑰
	7月	㉓ ㉔
	8月	② ③ ⑨ ⑩ ㉗
	10月	⑥ ⑦ ⑧ ⑨ ⑩ ⑪ ⑫ ⑬ ⑮ ⑯ ⑰ ⑱ ⑲ ⑳ ㉒ ㉓ ㉔ ㉕
1976	8月	⑳ ㉑ ㉓ ㉖
	9月	⑤ ⑥
	11月	㉑
	12月	

与那良（ヨナラ）餌場

年	月	日付
1976	12月	⑤ ⑦ ⑨ ⑩ ⑫ ⑬ ⑭ ⑮ ⑯ ⑰ ⑱ ⑳ ㉑ ㉒ ㉓ ㉔ ㉕ ㉖ ㉗ ㉘ ㉙ ㉚ ㉛
1977	1月	① ② ③ ④ ⑤ ⑥ ⑧ ⑨ ⑩ ⑫ ⑬ ⑭ ⑮ ⑯ ⑰ ⑱ ⑲ ㉑ ㉒ ㉓ ㉔ ㉕ ㉖ ㉗ ㉘ ㉙ ㉚ ㉛
	2月	① ② ③ ④ ⑤ ⑥ ⑦ ⑧ ⑨ ⑩ ⑪ ⑫ ⑬ ⑭ ⑮ ⑯ ⑰ ⑱ ⑲ ⑳ ㉑ ㉒ ㉔ ㉕ ㉖ ㉗
	3月	① ② ③ ④ ⑤ ⑥ ⑧ ⑩ ⑪ ⑬ ⑭ ⑯ ⑰ ⑲ ㉑ ㉒ ㉕ ㉖ ㉘ ㉚ ㉛
1978	2月	⑤ ○ ○ ⑯ ⑰ ⑱ ⑲ ⑳ ㉑ ㉒ ㉔ ㉕ ㉖ ㉗ ㉘
	3月	① ② ③ ④ ⑤ ⑦ ⑧ ⑨ ⑩ ⑫ ⑮ ⑯ ⑰ ⑱ ⑳
	7月	㉔ ㉖
1979	7月	
	8月	

――― 餌を置いた期間　　○ ヤマネコが到来した日　　日付入り（個体識別できた日）　日付なし（個体識別できなかった日）

イリオモテヤマネコの餌場の利用度

長期的な連続給餌実験は古見と与那良の 2 カ所で行なった．これによると，秋から冬にかけては，ヤマネコは一旦餌場を覚えるとほとんど毎日のように餌場を訪れ，餌を食べるが，春から夏にかけては，餌があることを知っているにもかかわらず，1，2 度訪れるだけで，以後しばらく来ないことが目立つ．餌場周辺のフィールドサインの調査と考え合わせると，単に餌場を訪れないという以上に，ヤマネコが餌場周辺から遠く離れて暮らしていると思われる．

第 3 章　イリオモテヤマネコの採食行動

ル離れた地点で別個体を写真撮影した。観察が続けば複数個体の観察になっただろう。イリオモテヤマネコは従来考えられている以上に個体毎の行動圏は重複しており，個々の広さも他のヤマネコ類に比べて広いと思われる。

　同一日に2個体が来ることも頻繁にある。しかし，同時に両者が進入することはなく，先着個体が常に餌を独占した。このことはイエネコとの間でも観察された。調査当時，イエネコは，私の感触として，イリオモテヤマネコの2から3倍の個体がいた。餌場にもヤマネコ以外，イエネコがしばしば到来した。同一日，同じ時間帯に2個体が来ることもある。この場合，ヤマネコかイエネコかは関係なく，先着個体が常に餌を独占した。遅れて来た個体は，餌がなくなることを理解できているはずなのに，餌場から離れた所で待ち続ける。先着個体が去ってから，初めて餌場に進入するのだが，すでに餌はない。クンクンにおいを嗅ぎながらあたりをうろつき，やがて去っていく。

　この，「あえて戦わない」という関係は，イリオモテヤマネコの保護を考えるとき，イエネコの存在を無視できないということだ。食べ物に限りがある西表島で，同じ生活型をする両種は共存できないだろう。つまり，人為的な環境への適応力，ペットなどが持ち込む病気への抵抗力が強く，しかも産仔数が多いイエネコだけが残存できるということだ。

　あとから来た個体が餌場へ進入したことは，与那良（2月）で1度，古見（3月）で1度の計2度だけあり，このときは2度とも激しい争いが起こった。いずれも繁殖期のことで，その時期の特異現象だろう。

　争いの時は，「ワンワン」とほとんどイヌと同じように聞こえる激しい声を上げ，2頭が絡みつくようにして林内を走り回る。私が石を投げつけても，トタン屋根を激しく叩いても，まったく中断することはない。

ヤマネコ 2 頭が餌場へ進入した例

同日に 2 個体が餌場へ来ることは頻繁にあるが，両者が同時に餌場へ進入することはほとんどなく，先着個体が常に餌を独占した．
あとから来た個体が餌場へ進入したことは，与那良（2 月）で 1 度，古見（3 月）で 1 度の計 2 度観察されたが，この時は 2 度とも激しい争いが起こった．

コミ F（手前），コミ J（奥側）

野化したイエネコ

与那良餌場

相良餌場

餌場を山麓部の比較的田畑や道路に近い場所に設置したため，しばしばイエネコが到来した．
野化しているとはいえ，イエネコは人為的な物音に非常に敏感で，必要とあれば，簡単に追い払うことができた．

2頭の出遭いと関係すると考えられる行動を，ヤマネコに鏡を覗かせる方法で観察したことがある。餌場中央に，肉片から少し離して鏡を立てておくのだが，ヤマネコは，肉片に到達しても周囲が真っ暗なので，鏡には気づかない。

　食事中，少しずつライトアップしていくと，そのうちに鏡に気づき，ヤマネコは瞬時に食事を止め硬直する。その後の行動は個体により異なっていた。ヨナラAでは，四肢を思い切り伸ばし，すなわち通常よりかなり背丈が伸び，さらに首筋背面の毛を逆立てた。完全に硬直して鏡の中の自分と対峙し続けた。この状態はライトを消すまで続いた。

　ヨナラBの場合は，地に這うようにして鏡に向かい，何度も何度も，頭や頬を鏡にすり寄せていた。この仕草は長くは続かないが，食事中，ふと鏡を覗きこんでは，また同じ動作を繰り返していた。

　イエネコの声を聞かせたこともある。餌場のすみにテープレコーダーを置き，ヤマネコが食事に没頭している時，後方からいきなり「声」を流してみた。すると，ヤマネコは身構えるように姿勢を低くし，振り返った。そして，テープレコーダーを注視していた。けれども，そこから危険を感じることはなかったのだろう，やがて，再び食事に戻った。

　5分くらいたってから，もう1度，イエネコの声を流してみた。今度は連続で聞かせた。ところが，もはやまったく反応しない。食事を中断することさえなかった。ヤマネコはテープレコーダーがどのようなものかを知らないだろう。イエネコの声を出してはいるが，それは生き物ではない。そう判断したのだろう。そして，相手が生き物でないならば，自分を襲う敵ではないと認識し，テープレコーダーから流れるイエネコの声を，単なる「音」と捉えたのではないだろうか。

　ところで，西表島は面積290平方キロメートルの決して大きく

ない島である。しかし，島という隔離された環境にイリオモテヤマネコとイエネコの2種類が分布している。この異なる2種類のネコが交雑することはないのだろうか。よく尋ねられることである。

　今のところ，両種の交雑種と思われる個体は確認されていない。前述した「ネコ科動物は，お互いを避ける」という習性を別としても，自然界において交雑の可能性はまずない。昆虫類や，体外受精をする魚類や両生類では交雑種が出ることもあるだろう。しかし，それらの動物群であっても，基本的に交雑は起こらない。もし，交雑が普通に起こるとしたら，種の多様性は存在しないという話になる。ましてや哺乳類ともなると，異種との接触は通常ないが，さらに，性器の形状が違ったり，仮にメスの体内に精子が進入した場合でも，受精，そしてその後の細胞分裂・発生に至らぬよう，二重三重にチェック機能が作動するようになっているのである。だから，近縁種であっても別種が同所的に棲息するのである。例えば，私が研究を続けてきたボルネオ島には，ヤマネコだけで5種類が分布している。

　ヤマネコは餌場へ日にちや時間を隔てて繰り返し到来するが，その周期は一定しない。しかし，特定の餌場では調査が進行するにつれ，毎日の到来の有無と時刻を予測することが可能だ。最初の個体の到来は日の入り前後から，夜の比較的早い時刻という傾向にあった。ちなみに西表島の日の入りは夏至で20時33分，冬至で17時10分である。一方，フンの分析からキシノウエトカゲが年平均18.6パーセント，8月は65.5パーセントの出現率で検出されており，イリオモテヤマネコの餌全体の中で大きな割合を占めている。キシノウエトカゲはもっぱら昼行性で，夕方から夜間を通して朝方比較的遅い時刻まで石の下や穴に潜んでいる。それ故，ヤマネコが日中でも行動していることは明らかだが，日中，餌場へ来るのはまれだ。これは前述のように私が設置したすべて

1977.01	1	②	3	④	5	6	7	8	⑨	10	11	12	13	⑭	15	⑯	17	⑱	19	⑳	21	㉒	23	㉔	25	㉖	27	㉘	29	30	㉛
									A								A	A				A	A		A	A			A	A	
	?	?	?	?	?				?			?			?	?	?	?					?			?					
																	B	B				B		B			B	B	B		

1977.02	①	②	③	④	⑤	⑥	⑦	⑧	⑨	10	11	12	⑬	⑭	15	⑯	⑰	⑱	19	20	21	㉒	㉓	㉔	25	㉖	㉗	㉘
	A		A	A	A		A			A	A		A	A	A	A	A	A				A	A		A	A		
									?		?			?									?					
	B	B	B		B		B	B	B		B		B		B				B	B	B							

1977.03	①	2	③	4	⑤	⑥	⑦	8	⑨	10	⑪	12	⑬	⑭	15	⑯	⑰	18	⑲	20	㉑	22	23	㉔	25	㉖	㉗	㉘	29	30	31
		A	A	A	A		A		A		A	A		A	A									A							
	?		?	?	?						?				?									?			?	?			
	B		B																							B					

餌場への到来の周期

与那良餌場へのヨナラAとBの到来.1977年1月〜3月.〇印は観察のために待機した日.AおよびBは,それぞれの個体の到来を確認した日.?はヤマネコは来ているが,待機しなかったために個体がわからない,あるいは帰宅後にヤマネコが到来している(通常、観察待機は午前0時までとした).?の日に2個体が到来した可能性も十分にある.

表でわかるように,到来は数週間単位で似たパターンを繰り返すので,その日ヤマネコが来るのか,どの個体なのかをある程度予測できた.

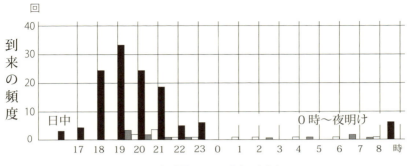

餌場への到来時刻

■ 安間．到来時刻が判明している 127 例 (全餌場の合計) を扱った．日中および午前 0 時〜夜明けは，それぞれひとまとめにした．19 時台が一番多く、18 時台と 20 時台がそれに次いだ．

▨ 池原・小西．琉球大学熱帯農業研究施設構内の飼育場の柵に出入口を設置，外部からのヤマネコの進入を記録．12 例．19 時台にピークがあり，夜明け前にも小さなピークがある (両氏のコメント)．

☐ 池原・小西．環境庁（当時）餌付け場所．上記飼育場から東南に約 2km 離れている．12 例．20 時から 21 時にピークは見られるものの，真夜中から夜明けまでほぼ均等に到来している（両氏のコメント）．

の餌場が耕作地に比較的近いことに原因があるかも知れない。

　沖縄県立博物館の当山昌直氏は，1985年11月4日に西表島美田良近くで交通事故死したイリオモテヤマネコの胃内容物を分析し，2個体のキシノウエトカゲを確認している。キシノウエトカゲは，冬季は悪天候や低温の日には出没しないが，晴天が続けば日光浴などのために出現することが観察されている。当山氏は，当時の気象資料を詳細に検討した結果，捕食されたキシノウエトカゲは，巣穴から外に出て，日光浴などの活動をしていたところを襲われたものと推定している。ただし，この例とは別だが，イリオモテヤマネコがキシノウエトカゲの巣穴を掘って捕食することもありうるとも述べている。

▶ 個体識別

　餌場という限定された場所で，しかも僅かな個体の観察から，イリオモテヤマネコ全体に共通した行動や習性を見つけ出すためには，まず性別を含めた個体識別を確かなものとしなければならない。その上で，個々の行動が特定の餌場や個体においてのみ特徴的なものなのか，多くに共通したものかを見極めねばならない。私は博士論文をまとめた後の時期も含めると，約15頭のイリオモテヤマネコを直接観察したが，博士論文に用いた資料は1974年6月から1978年7月までの11個体の観察結果である。当時，私はイリオモテヤマネコの生息数を80数頭と推定していた。つまり全体の14パーセントのヤマネコを観察したことになる。同じ時期，環境庁の委託を受けたヤマネコ調査団は生息数40頭と結論し，それが同時に国の公式推定頭数となっていた。その数値を私は信じていなかったが，仮にその通りだとすると，私はイリオモテヤマネコ全体の28パーセントを直接観察したことになる。

餌場	個体	性別	観察日数
与那良 （よなら）	A B	♂ ♂	61 28
ウブラ	U M	? ?	1 1
相良 （あいら）	C S	♀ ?	4 1
ナハーブ	Y	?	4
古見 （こみ）	F J ??	♂ ♀ ??	14 21 2
合計	(10〜11)	-	(137)

観察個体のうちわけ

採食行動の直接観察は 5 カ所の餌場で 137 回行なった．古見餌場の不明個体が 2 頭であれば，観察は 11 個体となる．

　個体識別は主に外観上の特徴で行なったが，行動上のくせや利用する餌場の違いも役に立つ場合がある。
　外観上の特徴は 2 つに大別できる。一方は先天的なもので一生変わることがない紋様などであり，他方は外傷や病気の痕跡で一定期間を経過すると消失するものもあるが，前者同様一生残るものも多い。先天的なものとしては，頭から首にかけての背面に伸びる黒の縦線や，頬にある上頬線と下頬線の特徴が観察しやすい。イリオモテヤマネコの場合，頭から首にかけての縦線は 3 対あり，外側のものからそれぞれ耳肩線，眼肩線，額肩線と呼ばれる。耳肩線は耳介の内側基部から肩の前にかけて走っている。例えばヨナラ A の右耳肩線は，基部近くで細い分枝を生じ本線と平行に走る。ところが，ヨナラ B では分枝はなく弓状に曲がり，眼肩線との間に三角形の紋を作る。A，B とも右上頬線と喉帯は明

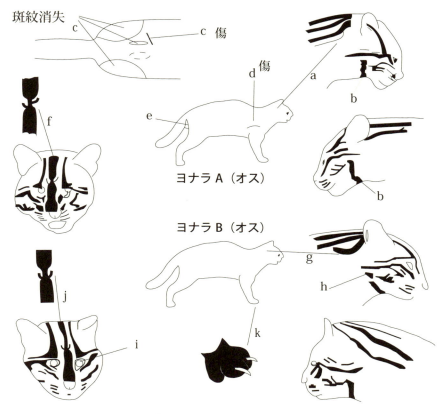

個体識別の例　与那良の2個体

ヨナラA（オス）：a) 右耳肩線に細い分枝がある　b) 喉帯は連続した一本の線となっている　c) 幼児期の大怪我が原因で腰部の斑紋が消失しており，5cmの傷がある　d) 右肩部に10cmの弓状の傷がある　e) 尾の基部が細くなっていて，常に睾丸が見える　f) 額肩線の突起模様が左右対称でない．

ヨナラB（オス）：g) 右耳肩線が弓状に曲がっている　h) 喉帯の右先端部が分離して独立した斑紋になっている　i) 左目が僅かに白濁　j) 額肩線の突起模様は左右対称　k) 前肢の爪が常に露出している．

確に分離しているが，右下頬線はAではほとんど喉帯と接し，Bでは明らかに分離している。さらにBの喉帯は，その先端部で帯の一部が分離して独立した紋となっているが，Aは動きによって連続したり分離したりする。

　後天的なものとしては，例えばAの場合，特に体の後半部において黒の斑紋がまったく消失しており，茶褐色の地色を呈している。右肩に約10センチの弓状の傷があることや，尾の基部が著しく細くなっていて，尾を垂らしていても睾丸が見えることも特徴である。Bは左眼が白内障らしく，光をあてても瞳孔の形がはっきりせず全体に白みがかった緑色に見える。コミJの場合は1975年4月上旬に病気で右眼を失明した。

▶ 行動にも個体による差が

　餌場での行動にも個体差がある。例えばヨナラAは滞在中のいずれかの時点で，ストロボやカメラなどの器材を丹念に点検することが多いが，ヨナラBはいっさい点検しない。多少とも観察回数が増すと，餌場へ進入した時点の動きによっても，どの個体なのか知ることができるが，最終的な確認はライトを点灯したのちに上述の斑紋などの特徴から行なった。紋様はヤマネコの体の動きによって分離したり連続したり，伸びたり，同一部分でも直線に見えたり曲線になったりするので，観察の際は総合的に判断するように心掛けた。自動撮影による写真判定の際には，特に細心の注意が必要であった。

　ヤマネコの餌場での滞在が午前0時をまたがる場合があったが，日の出前後に出現ないし滞在したことはなかったので，1日の区切りを便宜上夜明け時とした。1晩の観察中，ヤマネコは出現後ずっと餌場に滞在し続けている訳ではなく，幾度か出入りするこ

とが多いが，それは餌の一部を餌場の外で摂食する行動がほとんどで，数分から1時間で餌場へ戻る。それ故，とりまとめ上は唯一意味のある最初の到来のみを記し，出入りの回数と関係なく到来回数1とした。1夜に2個体が到来したことが21回あったため，延べ到来回数は合計137回となった。以上の他，摂食の場所と食べはじめの部分の資料には，直接観察を行なわなかったヤマネコ5から6個体分の資料も含まれている。

　ヤマネコは餌場に滞在中，私に気付いても，ほとんどの場合それだけで直ちに逃げることはない。それ故，極度の警戒心を与えぬよう，一定の距離を保つことや，器材の扱いに注意すれば，十分観察可能である。

　この当時だったか，「ヤマネコに試してみたら」と，友人が持って来たものがあった。それは，群馬県の観光地で買ったという「マタタビ」のビン詰めだった。蓋を開けてみると，くすんだ緑色をした小指の先くらいの大きさのマタタビの果実が，びっしりと塩味の水に浸かっていた。「猫にまたたび」ということわざがある。ネコはマタタビが大好きで，マタタビが発する臭気に恍惚を感じるのだそうだ。これはライオンやトラを含めたネコ科の動物全体に共通する反応らしい。

　このマタタビを西表島で試してみた。まずは，借家の庭に2粒を放置しておいた。しばらくすると，「ンゴー」というような濁ったネコの声が聞こえて来た。「何だ？」と思って庭を見ると，イエネコが転がりながら，何度も頬を地面にこすり付けていた。よだれが口からあふれて，恍惚を通り過ぎ，中毒しているかのように見えた。

　「これはすごい。効果抜群だ」。私はさっそく，古見餌場で試してみた。ところが意外なことに，ヤマネコは臭いをかぐものの，特別な反応を示すことはなかった。別の日に，もう1頭にも与えてみたが，やはり，何の反応もなかった。ヤマネコの「中毒

症状」を見たくなかったので，内心ホッとした。自動カメラだけの場所でも試してみた。そこでも，ヤマネコがマタタビを食べたり触ったりしたような痕は見つからなかった。イリオモテヤマネコは，おそらくマタタビには反応しないのだろう。後日，本で読んだような記憶があるが，動物園などで飼育している場合，トラでもライオンでもマタタビに反応する。しかし，野生のネコ類は，一般的にあまり反応しない，と書いてあった。

餌場における一連の行動

　ここでは主に餌場の直接観察に基づく採食行動を中心にまとめ，イリオモテヤマネコの一般的習性，行動を明らかにし，さらに主に行動の面からイリオモテヤマネコのネコ類一般における位置づけを考察することにする。

　この目的のためには，ネコ科動物全般にわたり一般的習性や個々の種の特性を知り，イリオモテヤマネコと比較していくことが必要だ。私はネコ類を飼育している動物園を訪ねたりもしたが，ヤマネコの種類や外観上の特徴は覚えられても，必要とする行動や習性について得るものはほとんどなかった。

　ネコに関する研究論文や単行本で，読まなければならないものはほとんど集めた。東京大学の図書館，あるいはそこを通して地方大学の図書館に論文のコピーと送付を依頼したりした。日本ではネコ科動物の研究者はいなかったから，ほとんどが英語本である。私は必要な部分はすべて読み，理解に努めた。そんな中でネコ類の行動をずばりまとめた本がライハウゼン博士の『ネコの行動学』だった。私にとってバイブル的な存在で，これがなかったら，十分な論文が書けなかっただろうと思うが，最初入手したものはドイツ語で書かれていた。読んではみるものの，詳細はほと

んど理解できなかった。ところが，幸いにも数年後に新たな内容も加わった英訳が出版され，本当にありがたかった。ライハウゼン博士からは西表島で2度，僅か数日間だったが指導を受けたし，何度も手紙のやりとりをした。

よく「イヌ派」，「ネコ派」と人を区別したりするが，私ははっきりいってイヌ派だった。しかし，西表島に住んでからは，近所のイエネコもかなり意識して観察をした。少なくとも，子供の時のように理由もなく野良ネコに石を投げつけるようなことはしなかった。イリオモテヤマネコの研究と相まって，ネコそのものに深い魅力を感じるようになっていった。数ある肉食性動物の中で，ネコ類は最も完成された「殺しの兵器」だと感じたのである。今は，すっかりネコ派になっていると思う。

この本でいうイエネコ *Felis catus* とは，人間の歴史がはじまった直後にリビアヤマネコ *Felis libyca* あるいはそれに近いネコから家畜化されたといわれる独立種で，現在世界各地で飼育または野生化しているネコをいう。この他一般の慣用に従って，便宜上ネコ科 *Felidae* のヒョウ亜科 *Pantherinae* を大型ネコ類，ネコ亜科 *Felinae* を小型ネコ類と称し，チーター亜科 *Acinonycyinae* はチーター *Acinonyx jubatus* 1種だけなのでそのまま用いる。

なお，現在の分類では，リビアヤマネコはヨーロッパヤマネコ *Felis silvestris* の亜種として扱われる。また，チーターをネコ亜科に移し，チーター亜科は消滅した。

採食行動は，5カ所の餌場の計10から11個体について，合計137回観察されたが，複数の餌場の複数の個体に，共通してかなり一定した採食行動のパターンが見られる。このパターンは，全体として連続的なひとつのつながりではなくて，立ち止まったり前進したりして，それぞれ特徴的な姿勢や運動により分けられる部分の連鎖である。すなわち，基本的に立ち止まって行なう定位置での探索や待機の行動と，それらの間を結ぶ高い姿勢や低い姿

勢の移動との，交互の組合せから成る。1つの行動の次にどんな行動をとるかは，餌が単なる肉片であるか，生きたニワトリであるかの差，ヤマネコと餌の距離，生き餌がじっと静止しているか何らかの動きを見せるかなどによって違ってくる。これらを要約して模式的に表すと以下のようになる。なお以下の文中で特にことわらない限り，餌とは原則として生きたニワトリを指す。

イリオモテヤマネコの採食行動に関しては，後になって池原・小西両氏（前述），池原・島袋両氏（前述），三井興治・池原貞雄博士が報告している。対象とした個体は，沖縄こどもの国のケイタや，西表島船浦にある琉球大学農学部附属熱帯農業研究施設内のヤマネコ（野外飼育場で飼育されていた個体）である。論文の中で池原博士が，「飼育中のイリオモテヤマネコの行動には野外におけるものと違いがあるかも知れないが，野外のものにくらべて，観察が格段に容易であり，その行動観察から，多くのものが得られると考えられる」と述べておられる。私もまったく同感で，機会があるなら，私も飼育個体の継続観察をしてみたかった。それはともかく，諸氏の報告は各所で私の論文と重なり，飼育個体も野生の個体も基本的な行動は変わらないことが判明した。同時に多くが，私が論文で明らかにした事実の範疇にあった。そこで，本著では私が観察できなかったことや諸氏の新知見に関して，重要と思われる部分は逐次，紹介していきたい。なお，諸氏の報告に，「安間は○○と報告しているが，我々の観察中ではなかった」という部分が幾つかある。ヤマネコが1度の到来ですべての行動を見せるわけではないし，観察個体数と観察日数の大きな違いによるものだと，私は思っている。つまり，諸氏が観察個体数を増やし観察日数を重ねていけば，私だけが見ている行動を，諸氏が観察する機会も生まれたであろうということである。

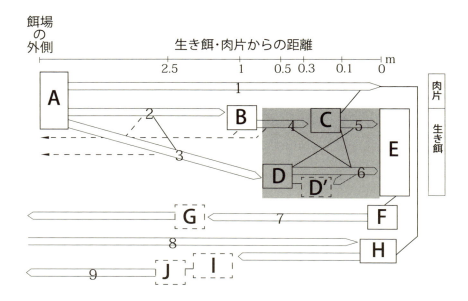

餌場におけるイリオモテヤマネコの行動の図式

A：最初の探索行動　B：第2段階の探索行動　C：至近での探索行動　D：襲いかかるための待機　D'：一旦地に伏せる行動　E：噛み続ける行動　F：餌を持ち去ろうと強く引っ張る行動　G：ヨナラAがしばしば行なった餌をふり返って見る行動　H：摂食　I：毛づくろい　J：休息

①：肉片への接近　②：ゆっくり注意深い接近　③：低い姿勢での前進と静止の繰り返し　④：かなり低い姿勢での慎重な接近　⑤：比較的ゆっくり前進して餌を噛む　⑥：一気に襲いかかる　⑦：勝利の行進（餌の一時的な放棄）　⑧：摂食のための再来（ほぼ通常の歩行）⑨：餌場から帰る（通常の歩行）

実線で四角く囲んだ行動は常に観察された行動，破線の四角で囲んだ行動は時々観察された行動．矢印は移動を伴う行動で，そのうち破線の矢印は，一旦引き返す行動，この一旦引き返す行動は攻撃圏内（網目の部分）では起こらない．

A　最初の探索行動
　　到来直後に行い，さりげなく餌や周囲の様子を見る．
　　※　餌が単なる肉片のとき． → ①
　　※　生き餌が極めておとなしいとき． → ②
　　※　生き餌がよく動くとき． → ③
　　①　多少重心を下げた姿勢で肉片へ向かう．
　　②　ゆっくり注意深く前進． → B
　　③　接近方向を正して，低い姿勢で0.5〜1メートル前進しては， → D
　　　　餌を注視することを繰り返す．
B　第2段階の探索行動
　　中距離から首を長く伸ばして餌を確認しようとする．
　　※　餌が動かないとき． → ④
　　④　かなり低い姿勢で慎重に接近． → C
C　至近での探索行動
　　体をごく低く保ち首を伸ばして餌をさぐる．
　　※　餌が極めておとなしいとき． → ⑤
　　※　餌が動くと． → ⑥
　　⑤　比較的ゆっくり前進して餌を噛む． → E
D　襲いかかるための待機
　　体を低く保ち餌を注視し続ける．
　　※　餌が動くと． → D'
　　※　餌が極めておとなしいとき． → ⑤
　　D'　一旦地に伏せ，機を見て襲いかかる． → E
　　⑥　一気に襲いかかり，前肢を餌の至近に踏み込んで直接噛む． → E
E　噛み続ける行動
　　体は静止している． → F
F　餌を持ち去ろうと強くひっぱる行動
　　餌を地面に固定したために起こる行動
　　⑦　高い姿勢で餌場を去る（餌の一時的な放棄）．
G　⑦の行動の途中で餌を振り返って見る行動
　　⑧　通常歩行か，多少重心をさげた姿勢で餌に接近する（再来）．
H　摂食
　　肉片では到達後直ちに摂食にはいり，E，F，⑦，G，⑧の過程はない．
I　毛づくろい
J　休息
　　⑨　ゆっくり餌場から帰っていく．

行動図式の詳細説明

②，③，B，④では餌に気づかれた場合，必ず一旦餌場を去るが，すぐ再来し，その時は③へはいる．
実線の四角で囲んだ行動は常に観察された行動，破線の四角で囲んだ行動は時々観察された行動．
矢印は移動を伴う行動で，そのうち破線の矢印は，一旦ひきかえす行動，この一旦ひきかえす行動は攻撃圏内（網目の部分）では起こらない．

① 餌への接近

　一旦餌場を覚えたイリオモテヤマネコは，少なくとも隣接した地域を通る際には，餌場へ立ち寄るものと思われるが，直線的に餌場へ向かってくるのではなく，大きく蛇行したり，弧を描くようにしてゆっくり移動してくる。これは獲物を探しながら移動しているのだろう。この移動は，ヤマネコの存在を示すカラスとヒヨドリの移動や，時としてこずえ越しに目撃することで知ることができた。

　餌場に接近したからといって，特に歩行の姿勢や速度に変化はなく音もたてないが，よく利用するコースが2から5本とほぼ決まっており，私は多くの場合，この時点でヤマネコの到来を確認している。ヤマネコは餌場内の餌や装置を認知すると，その場かまたはさらに注意深く，適当な遮蔽物の陰まで前進し，最初の探索行動にはいる。

　ヤマネコは餌場へ到着後，一様に餌へ接近するのではなく，立ち止まりと前進を繰り返す。立ち止まりの姿勢とその時の探索行動は，餌からの距離によって異なり，それは3つに大別できた。また，探索行動に続く前進もそれぞれ異なっていた。

　最初の探索行動は，到来の直後に行う離れた距離からのもので，腰をおろして座るか，時には立ったままの姿勢で，少なくとも外観上はゆったりとしており，警戒の様子はない。その姿勢で周囲や餌場内の餌や装置を見ている。餌を中心とするオープンフィールドが十分な広さを持っている場合は，最前部の大きな遮蔽物，すなわちオープンフィールドのすぐ外側で行なったが，草の株などわずかでも遮蔽物がある時は，それを利用してもっと接近して行なうこともあった。餌動物の動きが激しい時は，オープンフィールドには入らないが，動きがほとんどない場合は入って行なうこともある。この場合遮蔽物がないのにもかかわらず，あたかもそれに隠れているかのように振る舞う。

ヨナラ B　　　　　　　　　　アイラ C

最初の探索行動（行動図式のA）

餌場へ到達の直後に行う様子を見る行動で，餌場のふちから餌や周辺の様子をさりげなく探る．草の株など僅かでも利用できる遮蔽物がある場合は，それを利用してもっと餌に接近して行なうこともあった．生き餌と認識し，それが活発に動いている時は餌場へすぐには入らないが，餌が極めておとなしい場合は餌場に入って周囲を見まわすこともあった．通常1〜2分であるが，時として5分も費やすことがあった．そのような場合は，まだ明るかったり，風が強く物音が激しくする時であった．

この最初の探索行動を，18例観察した。最初の探索行動は餌動物から，2から5.3メートル離れた場所，平均2.7メートルの位置で行なわれた。この距離はオープンフィールドの広さや，遮蔽物の位置で変化するものと考えられる。また，この行動に要した時間は20秒から5分，平均1分28秒であったが，18例中9例は30秒以内であった。特に長いと思われる3例は，周囲への探索が一層入念な場合で，まだ明るい時間に到来したり，特に風が強く周囲がざわめいている時であった。
　小型ネコ類の採食行動に関してはライハウゼン博士の研究が最も詳しいが，最初の探索行動についてはまったく報告されていない。博士の研究は室内実験であり，おそらく自然条件下の第1段階が，室内実験では欠けるためであろうと考えられる。
　肉片を餌とした場合，この探索行動の後，警戒せず多少重心を下げた姿勢で，まっすぐ肉片へ接近していく。

　餌動物が動いたりした時は，餌への接近方向を正す行動がとられる。餌への攻撃は前面を避けて行なうので，餌場に接し，しかも餌動物から見えない林内を通って，餌の横または後方へ移動する。時にはオープンフィールド内のふちを，直線的に素早くかけぬけることもある。探索行動がオープンフィールド内で行なわれた場合は，そのふちを餌の前面を避けるようにしてゆっくり移動する。
　接近方法を正した後，あるいは最初の位置がすでに餌の前面を避けていた場合は，そのままの位置から前進する。しかしこれは，通常の歩行や肉片に接近する時とは，明らかに異なる姿勢での前進である。この過程は餌動物を注視しながら前進し，かなりゆっくりと0.5から1メートル前進しては，静止する，という動作を繰り返すものだった。静止は探索のために再三行なわれ，後述する顕著な第2段階の探索行動は，この過程では見られない。

通常の歩行（行動図式の⑧,⑨）

多少前傾した姿勢で，ゆっくり，あるいはトコトコと歩く．観察の限りではイエネコの一般的な歩き方と変わらない．

肉片を餌とした場合，最初の探索行動の後，警戒の様子もなく通常の歩行に比べて多少重心をさげた姿勢で真っ直ぐ肉片へ接近していく．

肉片への接近（行動図式の①）

第3章 イリオモテヤマネコの採食行動

イリオモテヤマネコは餌動物に接近する場合，尾を後下方に伸ばし，ほとんど常に動かすことはない。この点が多くの小型ネコ類と異なる。しかし，観察中1例ではあるが，攻撃と関連があると思われる尾を動かす行動が見られた。

　上記の2つの前進以外の時は，ほふくではないがかなり低い姿勢で前進し，次の探索位置に達した。第2段階の探索行動はかなり警戒的な姿勢である。腰は極端に低い訳ではなく，首を長く伸ばして餌をさぐる姿勢をしたり，餌との距離を一定に保ちながら弧状に位置移動をし，首を伸ばして餌をさぐったりした。観察した13例の餌からの距離は，平均1.1メートルで，20から45秒，平均29秒行なった。

　ここで餌が動かないと，ほふくかほふくに近い姿勢で前進し，前肢が0.1から0.3メートルの位置に達するまで進んだ。この過程は最初の探索行動から第2段階の探索行動への前進より，一層ゆっくりであった。

　最終的な探索行動は至近距離で行なうもので2通りある。

　1つはヤマネコが餌に接近する過程のいずれかの地点で，餌自体の動きによって餌が生きていることを認識している場合である。これは，最初の探索行動の後，接近方向を正して前進する際の姿勢とほとんど変わりなかった。餌からの位置は0.3から0.5メートル，平均0.4メートル，時間は3から30秒，平均15秒であった。この時，餌動物がネコの接近に気付いて逃げようと動くと，ヤマネコは速足で前進して攻撃した。餌に気付かれていないが，餌が動くと一旦伏せ，数秒後，速足で前進して攻撃した。餌が動かない場合はそのままゆっくり前進し，餌動物の至近に前肢を踏み込んで直接噛みついた。いずれの場合も一気に跳びかかるのではなく，速足で歩いて攻撃した。

　この位置はすでに餌動物を一気に攻撃できる距離であり，小型

攻撃のための接近 (行動図式の③)

ヨナラ B は写真のような腹ばいに近い姿勢をとることがあるが，一般にはヨナラ A のような姿勢をとる個体が多い．

ヨナラ A

ヨナラ B

尾を動かす行動 (行動図式 D で見られた)

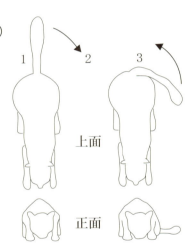

イリオモテヤマネコは生き餌に接近する際，決して尾を動かさないが，ただ 1 回，1977 年 2 月 16 日，ヨナラ B 個体において，攻撃と関連があると思われる尾を動かす行動が見られた．尾を後方に伸ばした状態 (1) からゆっくり水平に移動させ (2)，尾の先端が体の側面に来た時，すばやく元の位置に戻した (3)．3 の動作は 2 の動作よりはるかに速かった．

一旦伏せる行動 (行動図式の D)

至近での探索行動中，ニワトリが少し動いた時があり，その際，コミ J 個体は一旦地に伏せ，数秒後に速足で前進して攻撃した．

第 3 章　イリオモテヤマネコの採食行動

ネコ類はここで立ち止まってはいるが，後肢を足踏みするように規則的に動かし，最後の疾走にそなえるといわれる。しかし，イリオモテヤマネコでは少なくとも外観上はそのような動きはしなかった。

また，小型ネコ類では，後方に伸びた尾の先端はピクッ，ピクッと次第に荒々しく動きを増すといわれる。しかし，イリオモテヤマネコでは少なくとも外観上はそのような動きはなかった。

もう1つの至近での探索行動は，餌動物が極めておとなしい場合で，首を伸ばしたとき鼻先が餌に接近するほどに近づいて行なう。この時，餌が動かなければそのままの低い姿勢で前進し，前肢を餌の至近に踏み込んで噛みついた。餌動物に気付かれ，餌動物が動くと，速足で前進し噛みついた。

一連の接近の過程で，第2段階の探索行動を行なう1メートルあたりに到達するまでに餌動物が動くと，必ず素早く引き返して，一旦餌場の外へ出て，再度攻撃のため接近を試みる。また，この前進の間に，時として一瞬周囲に目を配ることがあった。

これに対して第2段階と最終の探索行動間の過程では，個体によって，また同一個体でも反転して引き返す場合と，そうでない場合があった。至近の探索行動からは，餌が動いても引き返すことはなく，周囲に目を配ることも行なわなかった。この際の餌への集中度は極限に近いもので，私が意図的に作った僅かな窪みにでさえ，つまずくことがあった。

ネコ科とイヌ科の違い

ネコ科動物の祖先は，十分な茂みに棲んでいたミアキス類で，始新世に祖先から分枝したといわれる。そこでは物陰を利用して

第 2 段階の探索行動 （行動図式の B）

かなり警戒的な姿勢だが，腰は極端に低いわけではない．

（行動図式の C）　a．ヨナラ B　　　（行動図式の D）　b．ヨナラ A

至近での探索行動と襲いかかるための待機

生き餌が極めておとなしい場合は，a のごとく鼻先が餌に触れる程首を伸ばして探索することがある．

コミ？　　　　　　　　　　　　　　ヨナラ A

普通に用いられる攻撃 （行動図式の⑥）

イリオモテヤマネコは攻撃の際，前肢で直接ニワトリをおさえることはせず，前肢を必ず地上に位置させた．

の忍び寄りが，速度を必要とする長距離からの接近や追跡より，一層重要であった。イヌ科動物が開けた土地での狩りに適応して，四肢が走るために特殊化したのに対し，ネコ科動物は四肢，特に前肢が獲物を倒すための，補助的な武器に進化してきたといわれる。それ故，物陰を利用しながらの慎重な獲物への接近と，直接前肢による獲物の捕獲が，ネコ科動物を他の肉食類から分離し特徴づけている。このことはライオンのような群れで狩りを行なう種類でも基本的には同じである。チーターは広い開けた土地で，離れた距離から獲物を追跡するため，狩りの方法が一見イヌ科動物に似るといわれるが，有効な物陰があればこれを利用して獲物に接近し，伏せの姿勢で攻撃の機会を待つこともある。さらに，獲物を攻撃する際は前肢を用いることから，ネコ科動物の特性をすべて具えていながら，しかも走るのに適した唯一のネコであるといわれる。

　イリオモテヤマネコが用いる接近方法は，ネコ科動物でも特に小型ネコ類に顕著なものである。腹を地に着けるような前進で，獲物へ近づくにつれて動きが非常にゆっくりになり，時々立ち止まっては執拗に獲物を見つめる。これは小型ネコ類の接近方法とよく似ている。しかし，前述のように，最終攻撃直前の姿勢や動きが小型ネコ類とは異なっていた。これはイリオモテヤマネコが他の小型ネコ類に比べ，物陰を利用して獲物に一層接近し得る，森林などを中心的な採食行動域としてきたことによるものではないかと推測できる。

　ジャガランディーのように攻撃の前進中，尾をふらない種類があることも報告されているが，小型ネコ類の多くは，攻撃の直前に獲物の動きに対応して尾の先端を動かすことが知られている。それは獲物の注意力を，尾部に集中させることで前体部の武器による狩りを容易にするためだとか，単に攻撃時の緊張をほぐすためだともいわれる。

イリオモテヤマネコも，時に尾を動かす行動をとることが観察されている。私は，尾を動かす行動を1度しか観察していない。しかし，池原・島袋両氏によるケイタの観察では，「生き餌に接近して体を低く身構える時，しばらくして尾の先端部（約3分の1）をピクッと動かすのが認められた。生き餌が小さい時に，遊びの行動の中で頻繁に観察された」と述べている。

　イリオモテヤマネコが餌を認識する場合，視覚，嗅覚，聴覚が総合的に働くものと考えられるが，特に経験の蓄積からくる視覚が重要であると思われた。このことは死んだニワトリ，クマネズミ，静止させたネズミのダミーに対しても，極めておとなしい獲物を攻撃する場合と同じ方法をとることから考えられるものである。

　餌動物への攻撃方向は，最初の探索行動で決定させるか，遅くとも第2段階の探索行動において決定され，それに従って接近方向を正す。しかし，ヤマネコにとっては真正面を除けば，どこからでも攻撃可能であるように思われる。調査結果では，真横からの攻撃が比較的多かった。しかし，餌が活発に動いていた時は，例外なく，より後方（90度以上）から接近した。これは餌に気付かれないための接近方法であると思われる。真うしろ（180度）からの攻撃はクマネズミを用いた場合であった。ニワトリの場合は，決して真うしろから攻撃することはなかった。これはニワトリの体に邪魔されて，確実に首を嚙めないからであろうと考えられる。

　亜成獣による攻撃は2例観察したが，正面（0度）から接近しいずれもニワトリに騒がれて失敗した。確実に獲物を倒せる接近方向は経験的に学ぶものであるようだ。

　ネコ科動物は攻撃の際，獲物の側面へ斜めから接近するといわれ，イリオモテヤマネコも同様の傾向が見られた。獲物が活発に

動くときは，より後方からだが，基本は側面から接近するということである。

② 餌への攻撃

　餌動物への接近は，餌に達してこれを噛んだ瞬間に終結するが，この最終攻撃の際ヤマネコは鼻先を先頭にほぼ水平移動し，ほとんどすべての餌動物に鼻先から突っ込むような姿勢で噛みつく。すなわち，マウスを餌にすると，下顎が地面に接する程低い位置から噛みついた。しかしニワトリが首を伸ばし，ヤマネコの頭より明らかに高い位置にあったときは，ヤマネコはニワトリの直前で上体を起こし，ニワトリの首をほぼ真上から噛んだ。いずれの場合も，イリオモテヤマネコは前肢を直接餌の首や肩に置くことはせず，必ず地上に位置させた。このとき前肢の指間は広がり，爪は露出していた。また，後肢の幅も通常より開き体の均衡を保持していた。

　ネコ科動物は，最終攻撃のための伏せの状態から全速力で獲物に接近し，攻撃できる範囲に来ると，前肢の一方か両方を上げ，獲物の肩近くを押さえ込んで首を噛む。しかし，その時まで後肢は地上に着いたままである。これは体の安定を確保し，同時に犬歯と前肢の爪が確実に獲物を捕えるまでは，たとえ獲物が動いても押さえ込む距離と方向を，補正できるようにしているためだといわれる。この観点からすれば，イリオモテヤマネコが攻撃の際，前肢を押さえ込みの道具として使わず，直接噛みつくことは，この種を特徴づける行動ととらえてよいだろう。しかし，1例ではあるがクマネズミが全速で逃走しようとしたのを，0.5メートルの距離から攻撃した時は右前肢で押さえ込み，次の瞬間に肩に噛みついた。

　また，沖縄こどもの国の飼育個体「ケイタ」は，幼獣から亜成獣の時代は獲物を攻撃する際，ほとんど常にまず前肢で獲物を押

ニワトリへの攻撃

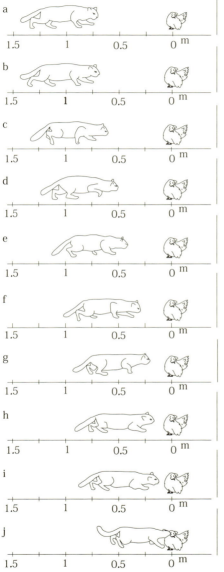

ニワトリはおとなしいが,生きていることをイリオモテヤマネコが知っている場合.
a〜dは約3秒毎,eで多少静止して最後の探索を行なった。fではさらにa〜dと同じ速度で前進し,gで少しバネをつけ,jで噛みついた.
g〜jはほんの数秒でだった。
(1977年3月11日,ヨナラA).

さえ込むことを飼育係の比嘉源和氏から聞き，私も1度観察した。池原・島袋両氏は，同じケイタの観察から，「餌が大きい時には直接に噛みつき，餌が小さいとまず前肢で押さえ込むかたたく行動が多く見られた。最初の攻撃法は，餌の大きさによって異なっていた」と述べている。

　一般に小型ネコ類でも，マウスや小さな獲物には，前肢を使わず直接噛むことが知られている。イリオモテヤマネコが基本的には，ネコ科動物に共通の攻撃技法を持っていることは明らかだが，通常，前肢を押さえ込みに使わない方法は，本種を特徴づけており，これは通常の攻撃で前肢を使って獲物を押さえ込むより，獲物の至近に踏み込んだほうが，一層有利な状況が存在するためだと考えられる。さらにこれは攻撃直前の構えや，後述する噛み方などとあわせて，不安定な樹上で全身を四肢で支えながらクビワオオコウモリや鳥類を捕獲する技法が，地上でおとなしい獲物に対しても反映されているのではないかと推測される。

　イリオモテヤマネコがニワトリを攻撃する際，必ず首を噛むことがわかった。殺されたニワトリの首の部分をレントゲン解析できたものは19例あり，それによれば，頭骨に傷はなく，亜成獣による2例を除く17例では，首が完全に切断されていた。内訳は11例が関節で，6例が椎骨の部分での切断である。ニワトリの頚椎は14個であるが，切断の部分は12例までが第2から5番までの頚椎か関節，4例が6から7番，残る1例は第10番目の関節であった。亜成獣による2例では，首は切断されていなかったが，いずれも首の頭に近い部分を噛んでいる点では一致していた。野外での食べ残し，すなわちニワトリではない野生の鳥で解析したものは2例で，いずれも関節で切断されていたが，外観上首が長いリュウキュウヨシゴイは第5番目の関節，首が短いズアカアオバトは第10番目の関節が切断されていた。また，すべて

ニワトリへの攻撃（ニワトリが頭を高くしていた時）

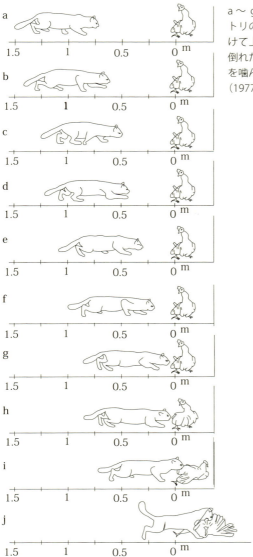

a～g は約 3 秒毎，g で数秒間静止．ニワトリの首や位置が高かったため，バネをつけて上体をあげかけた (h) が，ニワトリが倒れたため (i)，さらに前進し，真上から首を噛んだ (j)．h～j は一瞬だった．
(1977 年 3 月 8 日，ヨナラ A)．

の死体は例外なく上側から傷が入っていた。以上の例から，イリオモテヤマネコがニワトリかそれより多少小さなハトなどを殺す際，上顎の犬歯を，首の頭に近い部分の主に関節に打ち込み致命傷とすることがうかがえる。一方，クマネズミやマウスを嚙む場合の部位は一定しなかった。

　池原・島袋両氏では，「ケイタが餌動物に嚙みつき死亡させる部位は，餌動物の大きさ，種類によって多少異なり，大きなニワトリでは頸部を，小さなニワトリでは頭部を，モルモットでは頸部か背であった」と述べている。

　ジャコウネコ科など，下等な食肉類では，殺しのための嚙み方は，動く獲物の鼻先にのみ向けられるが，高等な食肉類，特にネコ科動物は厳密に獲物の首を狙っている。獲物の死は，攻撃者の犬歯が2つの頸椎の連絡を断ち，脊髄を破壊する結果生ずる。ネコ科動物が用いるこの素早い首への嚙み方と脊髄の切断は，視覚と毛あるいは羽毛の倒れている方向を感じ取ることによって導かれ，同時に犬歯そのものが正確な位置を探り当てるといわれている。この殺しの技法はネコ科動物すべてに共通しているが，大型ネコ類は比較的小さな獲物に対してのみ，この方法を用いる。イリオモテヤマネコが用いる嚙み方は，他の食肉類とはっきり異なり，ネコ科動物に共通したものであることは明らかであるが，頸椎を破損させている例も多く，嚙み方が粗雑に感じられた。

　イリオモテヤマネコは餌を捕獲した直後，それを数から10秒強く引っ張るが，その後引くことはせず，獲物の首を嚙んだまま静止するのが常だった。クマネズミを餌とした時は，四肢で立った姿勢でそれを吊すようにしていた。ニワトリの時は，この立ったままの姿勢のほか，腹ばいの姿勢になって獲物の首を嚙み続けた。いずれの場合でも，体は静止させており，ただ口の動きだけが多少みられた。ここで断っておくが，文中頻繁に使う「嚙み続ける」の意味は，「嚙みついたら離さないで，1カ所をずっと嚙

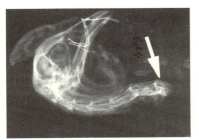

ニワトリ　第7関節

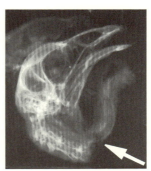

ニワトリ　第3関節

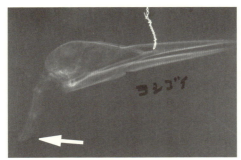

リュウキュウヨシゴイ　第5関節

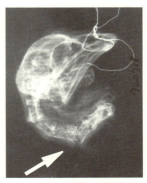

ニワトリ　第3番椎骨

殺された鳥の頭部のレントゲン写真

ニワトリかそれより多少小さな鳥などを殺す際，上顎の犬歯を頸部の頭に近い部分の，主に関節に打ち込んでいる．頭部に損傷は見られなかった．すべての死体は例外なく上側（背面）から傷が入っていた．

んでいる」ということである。「数か所を噛み直しながら、噛むという行動が続く」という意味ではない。

　ニワトリを餌とした15例のうち、明らかに人為的な影響があった1例を除くと、30秒から1分、マウスでは3例で5から8秒、獲物の首を噛んだまま静止した。ヤマネコが獲物を倒したと判断するのに要する時間は、獲物の大きさでほぼ決まる。おそらく犬歯、口などを通して感ずる獲物の動きで判断するのであろう。死んだニワトリでは10秒、ネズミのダミーでは2から3秒で口から離した。

　体を静止させたまま獲物を噛み続ける方法は、トラなど大型ネコ類から小型ネコ類のすべてに共通したもので、同時にネコ科動物を食肉類中でも他から特徴づける行動の1つである。イヌ科動物が獲物の頭、首、胸などに噛みつき、自分の頭をふることで獲物を殺す方法とは、明確に異なる。この点でイリオモテヤマネコはネコ類の特徴を示している。

　襲われた獲物は死に至るまで、かなり暴れたりもがいたりするが、一般にネコ科動物はこの場合、獲物を一旦離して再攻撃することが多いといわれる。しかし、イリオモテヤマネコは、その間獲物を離さずに噛み続けていた。同様の傾向はオセロット、ベンガルヤマネコ、スナドリネコにおいて非常に顕著で、それは、鳥類や魚類など一旦離せば逃げられてしまう動物を常食としている種の適応行動であると考えられている。

　今泉吉典博士は、「イリオモテヤマネコは獲物の頸部をくわえると全力で後方に引っぱり、あるいは獲物をまたいで回転し、頸をねじる殺し方をする」、「ニワトリの頭をくわえても咬みなおして頸の関節を探ろうとはせず、まるでブルドッグのようにしっかり頸をくわえたまま、前足をふんばり、頸を後上方に上げてひっぱるだけである」と述べ、殺しの際首ふりを用いる行動は、ネコ科よりむしろイヌ科の動きに似ていると述べている。

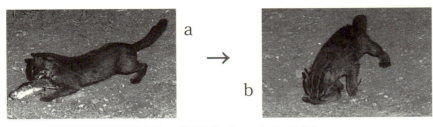

前肢で餌動物をおさえる例

通常の攻撃では前肢で餌動物をおさえることはないが，クマネズミが全速で逃走しようと試みた時，ヨナラAは右前肢でこれを捕らえ(a)，次の瞬間，肩に噛みついた(b)．

ヨナラA

コミF

噛み続ける行動（行動図式のE）

イリオモテヤマネコは餌動物を捕獲した直後，それを数〜10秒引っぱるが，その後引くことはせず，常に首を噛んだまま静止した．立ったままでなく，腹ばいになって噛み続けることもあった．

ヨナラA

餌を持ち去ろうと強く引っ張る行動（行動図式のF）

餌を地面に固定したために起こる行動．餌場以外では起こらない．

確かに噛み続ける行動に続く，強く引っぱる（獲物を持ち去ろうとする行動）の際，ヤマネコの体は上下に激しく波うち，同時に地表に扇状に水平方向へ激しくゆれる。また尾も活発に動く。しかし，これは獲物の足が固定された特殊な状況下でのみおこる行動で，ニワトリやネズミの足を，ヤマネコの力で容易に切断できる糸で結んでおいた場合は，まったく観察されない行動であった。

　池原・島袋両氏（前述）は，「今泉氏の観察した"ひっぱり"行動はニワトリが杭にくくられていることと結びついて生じた可能性が高い」と指摘しているが，私はこれを実験によって確認している。

③ 摂食場所への移動

　しばらく噛み続けた後，イリオモテヤマネコは餌場から餌を持ち去ろうとする。その場合，ニワトリの足をヤマネコの力では持ち去れないようにしっかり固定しておくと，ヤマネコは身体を上下，左右に激しくゆすり，尾を大きく動かし，フッフッと力む声をたてながら，明らかに一方向に持ち去ろうと全力をあげて引っぱる。ヤマネコは，ニワトリを攻撃時の接近方向とは無関係に，常に一番近い藪の方向へ引こうとした。しかし，餌から周囲の藪までの距離が，どの方向にもほぼ等距離の場合は，ヤマネコ自身が日常利用する道の方向へ引いた。ヤマネコの力で容易に切断できる糸でニワトリをつないでおくと，噛み続ける行動の直後，餌を一旦離すことなく，近くの藪または日常使い慣れた道の方向に運び去った。つまり，餌を持ち去ろうと強く引っぱる行動は，ニワトリの足をしっかり固定してあったために起こった行動であり（自然状態では起こらない），自然状態では，獲物を倒した後に，これを摂食する場所へ持ち運ぶ行動であると考えられる。

クマネズミやマウスを噛む場合の部位

クマネズミとマウスを与えた場合，噛む部位は，首，肩，背のいずれかであった．

クマネズミを襲う　　　　　　　　　　　マウスを襲う
↓　　　　　　　　　　　　　　　　　↓
クマネズミを持ち去る　　　　　　　　　マウスを持ち去る

クマネズミ，マウスを持ち去る時くわえる部位

餌はヤマネコの力で容易に切れる細ヒモで固定しておいた．噛み続ける行動が終わって餌を持ち去る時，一旦口から離してあらたに持ちかえることはしないので，持ち去る時くわえる部位は噛み続けた部位にひとしい．

ニワトリの場合は常に首を持ち，特に首の頭に近い部位であった．

ヨナラ A　　　　　　　　　　　　　　ヨナラ A

追跡装置で追跡した15例で見ると，餌を運び去る距離は，3から50メートルの間に著しく分散していた。観察の便宜のため設けられた餌場の裸出した地表の広さは，恐らくヤマネコにとって抵抗感があり，地被物の多い近くの藪へ，とりあえず餌を移動するのだろう。

　強く引っ張る行動の後，ネコ類に一般的な餌の一時的放棄が必ず見られ，決してそのまま摂食したり，遙か遠くまで運び去るわけではなかった。しかし，よく利用する岩穴などが比較的近距離にある場合は，そこへ運ぶこともある。散乱したニワトリの羽毛とヤマネコの足跡から巣穴を発見したことが2回あるとともに，もう1例は，ヤマネコがよく利用する岩穴の入口で，食べ残しのオオクイナとハシブトガラスを確認している。

　攻撃直後，すなわち噛み続ける行動の直前に数秒から10秒，ニワトリを強く引っ張る行動が見られたことがあった。外観では，噛み続ける行動の直後に行う強く引っ張る行動と同じである。この観察例は，ヤマネコ自身に有利な場所へニワトリを引きずり込むことで，ニワトリを逃げにくくする行動であると考えられる。実際にはごくまれなことで，前記の追跡装置の実験中，噛み続ける行動の前に糸を切られたためしは1度もなかった。

　ネコ科動物は極めて小さな獲物や，特に大きくて運び去れない獲物は殺した現場で摂食するが，一般には倒した場所から，摂食のため岩陰，木陰，樹洞，藪などへ獲物を運ぶ。イリオモテヤマネコはマウスも一旦ほかへ運び去ったが，フンから検出される小形のトカゲ類や昆虫類などは，持ち運びや一旦放棄をせず，捕獲現場で摂食したと考えられる。特に1回のフンから多量に検出されるオオハヤシウマは幹線道路の暗渠で，ヤエヤマクチキコオロギやタイワンエンマコオロギなどは朽木や枯草が堆積している場

所で，見つけ次第捕食したのであろう。

　噛み続ける行動が終わって餌を持ち去る時，一旦口から離してあらためて持ちかえることはしないので，持ち去るときくわえる部位は，噛み続けた部位と同じである。ニワトリの場合は常に首を，特に頭に近い部位をくわえる。クマネズミとマウスの場合は首，肩，背中など，くわえる部位は一定しなかった。（P.137の図：クマネズミやマウスを噛む）

　餌を持ち去る際，通常の歩行より頭を高くして餌をつり上げて運んだ。ニワトリは大きすぎるため，その一部が地面に接していた。ヤマネコはこれに多少ともまたがるように前肢の間に入れ，前向きで運び去った。

④ 餌の一時的な放棄

　ヤマネコは強く引っ張る行動，つまり，ニワトリの足を杭に固定したために生じた行動の後，殺した餌を一旦放棄して餌場から去ることがある。一時的な餌の放棄は，ニワトリやネズミなどの生きている動物を用いた時に観察され，肉片を与えた場合は全く見られなかった。1例ではあるが，ニワトリの新鮮な死体をあたかも休息しているかのようにセットしたところ，ヤマネコはニワトリを噛んで頸部を切断した後，同様な一時的な餌の放棄を行なった。

　一旦餌場を去る時は，首を伸ばし頭部を高く持ち上げて通常の歩行よりゆっくり歩く。くいちぎった頭を持ち去る場合も，持たない場合も，常にこの姿勢をとった。この特徴的な姿勢で行う儀式的な行動は，生きた餌動物を倒すための闘争的な行動からくる，精神的高揚を示すものだろう。私はこの行動を特別に「勝利の行進」と名付けている。この行動は肉片の場合にはまったく見られず，ダミーの場合も攻撃行動は見られたが，ただちにダミーであることに気付き，その後このような行動は見られなかった。一方，

ニワトリの新鮮な死体を餌としたとき，生きたニワトリに対するのと同じような攻撃行動の後，この特徴的な行動を伴う一時的な餌の放棄が見られた。

ライハウゼン博士は，小型ネコ類が倒した獲物を高くつりあげて運び去るのは，獲物を地面にふれさせないためであると考えた。またこの姿勢は習慣づけられたもので，たとえ頭を低くしたままで運んでも地面にふれる心配がない肉片の場合でも，高く持ち上げて運ぶといわれる。しかし，ヌイグルミに関しては頭を低くしたまま運び去ったと報告している。

イリオモテヤマネコは獲物の場合にのみ頭を高くして歩行し，肉片やヌイグルミでは通常の歩行と変わらなかった。また獲物を殺したときには，頭など獲物の一部さえまったくくわえていない場合でも頭を高くして歩いた。このことから，小型ネコ類に共通したこの姿勢はライハウゼン博士が述べているような，獲物を地面にふれさせないためではなく，「獲物を倒したという精神的な高揚が姿勢に反映されている」と，私は解釈している。

一時的な餌の放棄は，同じくライハウゼン博士が小型ネコ類に共通な行動であると報告している。小型ネコ類は獲物を倒した直後，一旦放棄し，再来後に別の所へ運んで摂食すると述べている。しかし，イリオモテヤマネコは獲物を倒した直後，別の所へ運び，そこで一旦放棄して去り，再来後摂食するという点で違っていた。ライハウゼン博士が述べているすべての事例は，利用しうる遮蔽物のない実験室での実験であり，従ってネコ本来の欲求が妨げられ，そのフラストレーションの結果として，再来後の時点で，ありもしない遮蔽物を求めて，室内をうろつく結果となっているのではなかろうか。すなわち，イリオモテヤマネコの場合は，彼等の自然のすみかの中に餌場，つまりごく狭い人為的空間があって，容易により好ましい場所，たとえば物陰へ運ぶことができるので，とりあえず運ぶ行動が先行するのであろう。換言すれば，これが

餌の一時的な放棄

イリオモテヤマネコは餌動物を殺した後，それを放置して，一旦餌場から去る．この行動はニワトリやネズミなどの生きている餌を用いた時に観察され，肉片やダミーの場合は全く見られなかった．

ヨナラ A

餌の一時的な放棄の際の姿勢「勝利の行進」（行動図式の⑦）

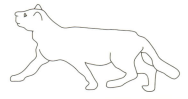

殺した餌を一旦放棄して餌場を去る時は，首を伸ばし，通常の歩行より明らかに頭部を高く持ち上げて，ゆっくり歩き，食いちぎったニワトリの頭を持ち去る場合も，持たない場合も，常にこの姿勢をとった．

ヨナラ A

ヨナラ B

餌をふり返って見る行動 （行動図式の G）

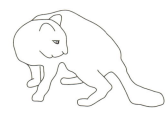

勝利の行進の途中で，ふり返って餌を見る行動が観察されることがあった．観察した 9 回のうち 8 回はヨナラ A の場合で，1 度は，ニワトリの所へ戻って噛みなおしたことがあった．

第 3 章　イリオモテヤマネコの採食行動

より自然な場合の，行動の発現順序であると思われる。

　餌の一時的放棄の際には，上記のような特徴的な姿勢で，真っすぐ離れ去る場合が多かった。そして，一時的放棄がみられた27例中9例で，餌から0.8から2メートル（餌場のオープンフィールド内）離れた所で，餌を振り返ってみる行動が観察された。振り返りをする時間は3から30秒であった。30秒かかった1例では，再び戻ってニワトリを嚙み直した。

　この振り返り行動は，9例中8例までが1個体（ヨナラA）によるものである。もう1例は，同じ与那良を餌場とする別の個体によるもので，1回振り返り行動が観察された。その他の個体では，振り返り行動はまったく見られなかった。従って，これはむしろヨナラA個体の特徴的行動というべきものかも知れない。因みに，この個体は特異な幼時体験を持つ。また，豚舎へ侵入して小ブタを襲ったことが2度あり，たくましさと同時に用心深いヤマネコで，こうした性格が特徴的な振り返り行動に表れているのかも知れない。

　A個体の振り返り行動が繰り返し頻繁に見られたのは，1977年2から3月，与那良餌場で，その時期がちょうど交尾の最盛期にあたり，A，B，2頭のオス成獣が同時に餌場を頻繁に利用していたという事情も影響しているのかも知れない。

　ニワトリを殺し一旦餌場を去ったイリオモテヤマネコは，やがて再来し摂食をはじめるが，再来までの時間はまちまちで1から32分にわたった。たまたま，その間の行動が観察できた若干の事例では，ヤマネコは持ち去ったニワトリの頭を食べたり，周辺を歩き回ったり，物陰から餌場に倒れているニワトリを見たりしていた。

　餌としてニワトリを使った16例では，再来までの時間は5か

ら32分であったのに対して，マウスの3例では1から3分と明らかに短かった。クマネズミを用いた1例では，予期に反して17分と異常に長かったが，このときは再来後16分に，ヨナラB個体が強引に餌場に現れ，先着のA個体と激しい争いが11分間行なわれた特別な場合であった。恐らくB個体の存在は，A個体により事前に察知されていたものと思われ，その影響があったのだろう。

　ニワトリを使った16例のうち，15例は5から20分であり，1975年10月16日の32分だけが異常に長く思われる。この日は古見餌場で，J個体に対して初めて16ミリ映画撮影を行なった。Jは餌場到着後，ニワトリへの接近を試みたが，そのたびに作動するゼンマイ式カメラの音に驚き，ニワトリを襲って首を嚙み切るまで48分が経過した。再来後も同様で，50分間餌場のふちで様子を見ていたが，再び餌に接近することなく帰っていった。この事実から，再来に要した異常に長い時間もカメラのゼンマイ音が原因していることは疑う余地がない。

　倒した餌の一時的放棄は他の小型ネコ類でも観察されており，獲物を倒した時の興奮を静めるのに役立っているといわれる。この行動に費やされる時間は，獲物の大きさや体力，ネコ自身の臆病さの度合，獲物を倒した場所にどの程度慣れているかによって左右される。これらのことは，イリオモテヤマネコも同様であろう。

　また，この行動は大型ネコ類にも見られ，チーターの場合，殺してから摂食するまで20から30分，ライオンでも15から40分かかるといわれる。

　再来後の摂食は場所を移動せず，ほぼ現場で行なうといってさしつかえない。一旦摂食をはじめると，餌場内へ小石を投げたり，観察小屋から空き缶を落としても，摂食を続けた。さらに樹上から肉片やダミーを糸で吊り下げ，ヤマネコの体にしつこく触れて

も，摂食を中断することはなかった。もちろん，多少移動しての摂食も観察されたが，移動距離を測定した332例と直接観察からは，餌場であるオープンフィールド内か，餌場の外でもオープンフィールドに接した縁辺部に限られた。この多少移動しての摂食は，風雨が特に強い場合や観察用の照明が気になるとき，あるいは周辺がまだ明るく，カラスがすぐ頭上でさわぐ場合などであった。

⑤ 摂食行動

摂食に先だって観察された行動に羽むしりがあった。ニワトリを餌とした場合，観察したすべての個体が行なったが，羽むしりの度合には違いがあった。これに対してヒヨドリを与えた時は羽むしりをせず，クマネズミ，マウスの場合も毛をむしらずに摂食した。羽むしりは切歯で行ない，唾液で羽毛が口についた場合は口を高く上げ，頭をふりながら舌を使ってこれを払い落とした。

餌場以外で発見した食い残しは，24例中14例は羽毛のみ，3例は翼，足，クチバシのいずれか1つと羽毛のみが残っていた。多数の例で羽毛が残されていたことから，イリオモテヤマネコが通常羽むしりを行なうことは明らかである。しかし，餌場以外ではヒヨドリ，ツグミをていねいに羽むしりしているのに対し，餌場ではヒヨドリの場合まったく羽むしりをしない。また，ヒヨドリよりはるかに大きいニワトリの場合でも，餌場以外で捕らえた鳥に比べ，それ程ていねいに羽むしりをしない。一見，普段と変わらないようにふるまっていると思えるが，餌場という人為の環境が影響しているのだと思われる。

池原・島袋両氏によるケイタの観察では，「羽むしりは，中雛が餌である場合に時々見られ，成鶏の場合はごく普通に見られた」，「幼雛の場合，羽むしりは全く行なわなかった」と報告している。

池原・小西両氏は、「羽むしりは餌が成鶏の場合にのみ観察され、中雛、モルモットではまったく見られなかった」とし、三井・池原両氏は、「羽むしり行動は、個体の違い、餌の大きさや、種類の違いによって見られる場合と見られない場合があった」と記している。

　ライハウゼン博士はオセロット、マーゲー、ジャガランディー、ジョフロイネコ、ピューマなど南アメリカ産の小型ネコ類は、最小の鳥でさえもていねいに羽むしりを行ない、それは彼等の本来の習性のようで、食物の多くを鳥に依存していることをうかがわせるが、ヨーロッパヤマネコ、リビアヤマネコ、カラカル、サーバル、スナドリネコ、ベンガルヤマネコ、イエネコなど旧世界の小型ネコ類は、それ程ていねいではなく、ツグミ大以下の鳥ではほとんど羽むしりをせず、その仕草さえもせずに摂食するという。しかし、ネコ自身の体の大きさに関係なく、獲物がツグミ大以上ならばふつう羽むしりを行なうと述べている。この違いは両者を系統的に分離する特徴の1つと考えられており、この観点から新大陸でも北部に分布するボブキャットなどのオオヤマネコ類は旧世界のネコ類で、彼等は南アメリカに分布するネコ類よりずっと後の時代に、陸橋を渡ってアメリカ大陸にはいったと説明している。

　今泉吉典博士は、ライハウゼン博士が述べた羽むしり行動における両世界のネコ類の相違を否定していないが、イリオモテヤマネコはまったく羽むしりを行なわず、このことはネコ科動物として極めて異常な習性であり、イリオモテヤマネコが原始的なネコであるかも知れないと述べている。一方、池原・島袋両氏、比嘉源和氏等はイリオモテヤマネコの羽むしりを観察したと報告している。

　摂食時にはかがんだ姿勢をとるのが普通であるが、立ったまま

前屈の姿勢で摂食する場合も少なからずあった。

　ヤマネコは左右それぞれに1対ある裂肉歯のいずれか一方で，肉片（餌）を適当な大きさに切断するか，多少嚙んで呑み込む。裂肉歯とは，ネコ類では上顎の最後方の小臼歯と下顎の第1大臼歯にあたり，大きく先の尖った形状をしている。この2つの歯をハサミのように使い，硬い肉を切断したり骨を粉砕したりする。両側の裂肉歯を同時に使用することはない。

　摂食中は使用している側を下に向け，頭部をリズミカルに上下させる。使用する裂肉歯は左右ひっきりなしに交替するため，頭の傾きもそれに対応して変化する。摂食中，前肢を使用せず口だけを用いたが，肉片や腸をちぎる時は，それを固定するために前肢を用いた。これは小型ネコ類に共通した特徴で，大型ネコ類が腹ばいになって，餌を両前肢の間にはさむか，押さえ込んで摂食する方法と明確に異なっていた。摂食時の姿勢ではチーターも小型ネコ類と共通しているといわれる。

　倒したニワトリを，ヤマネコが「どの部位から食べはじめ，どの部分をよく利用し，どの部分を残すか」について，1973年12月から1978年2月までの生きたニワトリを餌とした78例中，トラブルがなかった72例についてまとめてみる。まず，よく食べられる部分としては胸部が際立って多く，はらわた（とくに肝臓）と頭部がそれに次ぎ，腹部ならびに腸もよく利用されている。翼の肉のある部分，大腿，背肉，尻など，利用可能な肉質部のすべてを食べている例はわずかである。

　これに対して，食い残されている部分としては，羽毛（とくに翼），足（大腿部の肉が残る場合が多い）が，ほとんど必ず残され，胴体の主要な骨格に繋がった首から頭の部分が，そっくり残される場合も比較的多い。はらわたは比較的よく食べられる部分であるが，胃だけがよくなめてきれいなかたちで残されていることが

羽むしり

ニワトリを餌とした場合，観察したすべての個体が羽むしりを行なったが，ていねいさの度合いは，個体や時によって異なった．ヒヨドリを餌とした場合には羽むしり行動が観察されなかった．

ヨナラ B

餌場以外ではヒヨドリやツグミでさえもていねいに羽むしりをした．写真はツアカアオバト．→

摂食時の姿勢 （行動図式の H）

摂食時にはかがんだ姿勢をとるのがふつうだが，立ったまま前屈の姿勢で行なったり，はらばいの時もあった．摂食には前肢を用いず，使用している裂肉歯側に頭を傾けていた．

ヨナラ B

コミ J

ヨナラ A

コミ F

しかし，肉片や餌の内臓などをちぎる場合は，それを固定するために前肢を用いた．

第3章 イリオモテヤマネコの採食行動 147

少なくない。ヤマネコ自身の食欲があまりない時には頭部，胸部，腹部などほんの一部を噛みとっただけでほとんど全部が残される。

ここで注目されるのは，頭部が比較的よく食われると同時に，比較的よく残される傾向にあることだ。栄養的な見地からは，胸部から腹部にかけての肉やはらわたがよく利用されているのはうなずけるが，頭部の一見矛盾する傾向は栄養的にも，ヤマネコの嗜好の点からみても説明しにくい。したがって第3の意味を考えねばならないだろう。

第3の意味と関連して興味が持たれるのは，食べはじめの部位である。食べはじめの部位が確認できた25例中，首の切断があった12例ではすべて頭から食べられているのに対して，首の切断がなかった13例では，胸が7例と圧倒的に多く，他に腹と尻が各2例，首と背が各1例であった。

直接観察をしていないので食べはじめの部位は確認できないが，餌場に残された食べ残しのニワトリ69例について，最終的に頭を食べているかどうかを調べてみた。すると，首の切断があったと推測される24例では，ことごとく頭が食べられており，首の切断があったかどうか不明だが，頭が食べられている場合が25例あった。残りの20例は首から頭にかけて残されており，首は切断されていなかった。

以上の事例からみると，頭部を食べる場合は「首の切断があると，まず最初に頭部から食べる」という特徴が伺える。頭部を食べ残すのは3割程度であり，ヤマネコが頭部を好物としているのかどうかは，わからない。しかし，首の切断があった場合は，必ず最初に頭部を食べる。ヤマネコにとって頭を食べることは，好き嫌いや栄養とは関係なく，餌を倒したときの興奮を示す，むしろ儀式的な行動ではないだろうか。

食べはじめの部位で，首の切断がなかった場合には，胸部から食べはじめることが圧倒的に多い。利用部分で際立って胸部が多

食い残し

ニワトリを餌とした場合 , イリオモテヤマネコは胸部をよく食べ , はらわたと頭部がそれに次いだ . 食い残される部分としては羽毛（とくに翼）と足（大腿部の肉が残る場合が多い）がほとんど必ず残される . 殺しの際 , 首の切断があった場合はすべて頭から食べられ (a), 首の切断がなかった場合は最後まで頭が残ることが多い (b).

放棄された食い残し

首が切断され頭のみ食べられ , まだ暖かい体が残されていたズグロミゾゴイ . 首を切断すると , まず頭部を食べるという方法が餌場以外でも広く行なわれているのであろう . 捕獲後わずかな時間に , 私が現場へ行ったため , 放棄されたのであろう .

食い残しを隠す

1 例ではあったが食い残しを隠した跡が相良餌場で観察された . ニワトリの両足は周囲からかき寄せられた枯ススキと細い竹 1 本ですっぽり隠されており (a), ここを中心に爪の跡が扇状に残っていた (b).

かったことと併せて考えると，それが最も普通の食べ方である。これに対して通常利用頻度の低い，首，背，尻などから食べはじめる場合がわずかながらあるのは，いずれもヤマネコ自身の食欲が乏しく，餌を大部分食い残した場合である。さらに，倒された餌がうつ伏せになっている場合に限られた，例外的なものである。

池原・島袋両氏の観察では，「ケイタが最初に食べはじめる餌動物の部位は，餌の大きさ，種類によって異なっていた。幼鶏やモルモットの場合には，頭部から食べはじめ，成鶏及び中雛の場合には，頭から食べはじめる場合と胸部や腹部から食べはじめる場合とがほぼ半々であった」と述べている。

餌場以外で日常食べている鳥類の食い跡調査としては，リュウキュウヨシゴイ（1例），ズグロミゾゴイ（2例），ミフウズラ（5例），オオクイナ（2例），キジバト（1例），キンバト（2例），ズアカアオバト（4例），コノハズク（1例），ヒヨドリ（2例），ツグミ（2例），ハシブトガラス（1例），トラツグミ（1例）を観察した。これらによると羽毛のみを残して他はすべて食べ尽くすのが普通であった。時として，リュウキュウヨシゴイのように，大きなクチバシを持った頭や丈夫な足などが羽毛と一緒に残されることもある。例外的に頭のみが食われ，他の大部分が残されていた若干の例は，いずれも自動車道路上の観察で，なんらかの摂食妨害が考えられる。たまたま私自身が妨害する結果となったズグロミゾゴイ1例，ズアカアオバト1例では，首が切断され頭部のみが食べられ，まだ温かい体がそっくり残されていた。このことは，餌場のニワトリの場合に見られた，「首を切断するとまず頭部から食べる」という方法が，野外でも一般に広く行なわれている可能性を示すものだろう。

一方餌場で，ニワトリに比べより小型のヒヨドリ死体2回，ドバトの生体2回，クマネズミの生体および死体各1回，マウスの生体3回を用いた実験観察を行なった。その結果，ヤマネコは，

ドバトの1回（足と翼）を除いてほとんど全部を食べていた。ニワトリのように大型の餌を，しかも同一の餌場で連日与えていると，ヤマネコが飽食して餌場以外での観察に比し，食い残しの部分が多くなるのだろう。

　西表島における主要な獲物の大きさを考慮すると，ヤマネコは捕獲した動物のほとんどすべての部分を摂食するのだろうが，特にはらわたを好んで食べているようである。
　小型ネコ類は獲物をまず頭から食べるといわれている。獲物がネズミ大までの小動物ならば，頭から尾までのすべてを食べる。他の動物が獲物でも，羽や毛の一部，小さな骨などは食べてしまう。大きな獲物の場合は頭を食べず，頭のすぐうしろか，腹から食べるといわれる。逆に食べ残す部分は獲物の大きさによって違ってくるが，クチバシ，両足，翼，長い毛のある皮膚，大きな羽根などである。胃はしばしば食べないまま残されることが多いが，それは内容物の消化の程度によるもので，食べたり食べなかったりするらしい。これに対して大型ネコ類は，獲物を尻や腰または股間から食べ，頭や首から食べることはまずない。チーター，ライオン，ヒョウ，トラは通常，胃や腸は食べ残すといわれる。
　1例ではあるが，イリオモテヤマネコが摂食後，爪で土を掻いたことがあった。また直接観察はできなかったが，食べ残しを隠したあとが餌場で見られた。食べ残しのニワトリの両足は，周囲からかき寄せた枯ススキと細い竹1本ですっぽり隠されており，ここを中心に周囲1メートル以内に爪の跡が扇状に残っていた。
　この他，小畠純治氏が継続観察しているイリオモテヤマネコは，しばしばマツの落葉で食べ残しを隠すこと，また，山中で草むらから飛び立つハエを見て，そこの枯草などを取り除いたところ，ヤマネコに殺されたとみられる鳥の死体があったという話を聞いた。これはネコ科動物のいくつかの種で知られている食べ残しを

隠す行動だろう。

⑥ 毛づくろいと休息

ネコ類は摂食を妨げる要因がまったくなければ，食事を急ぐことなく時々休息したり，食後その場で顔や四肢の毛づくろいを行なう。

イリオモテヤマネコは食事後，餌場内のオープンフィールドか餌場のふちの背後に薮を配した場所で，毛づくろいと休息を普通に行なった。毛づくろいは，休息とまざりながら30分かけたこともあるが，観察した20例では，14例が1から5分の範囲であった。

毛づくろいの動作は，イエネコとまったく同じといえる。大別すると舌で口元や鼻鏡をなめる，前肢をなめる，手の内側面を使って口からほほの部分をこする，胸や上腕をなめる，腰や尻をなめる，の5つで順序もほぼ上記の通りであった。しかし厳密に順序があるというのではなく，それぞれの動作が繰り返されたり混ざりあったりもした。

詳しく述べると，まず舌を使って口の周囲を連続してなめ，べたつきをぬぐい取った。この動作は毛づくろい中頻繁に行なわれ，摂食中にも行なわれた。

次に前肢をなめ，中手と手根の両側（手の甲とひら）を丹念に行なった。また，指を広げて，間にはいった肉片や汚れなどもふき取っていた。この際，爪も露出させた。左右いずれを先に行なうかは決まっていなかったが，前肢は通常特に丹念に掃除する部分で，何度も繰り返し行なった。この際，舌は決まって腕の方から先端に向けて動かした。

次に前肢の手の内側面を使って，口元からほほの部分をこするようにしてふいた。この動作は比較的速く，連続して10数回行ない，手のひらを舌でなめては繰り返した。口元をふく時は，ほ

毛づくろいの姿勢と順序（行動図式の I）

毛づくろいは立ったまま行なう場合もある (a) が，多くは座った姿勢で行なう．まず舌で口や鼻をなめる (b)，次に舌で前肢をなめ (c, d)，次に前肢を使って口や頬をふく (e, f)，次に胸や腕をなめた後 (g, h)，腰や尻をなめる (i, j)．k，l は動作の中断，動作の変わり目に観察された．c, d および e, f は毛づくろいの中心で，繰り返し時間をかけて行なう．

とんど常に口をあけ、舌で手のひらをなめており、観察の限りでは、手に唾液をつけて口元やほほになすりつけ、同時に汚れをぬぐい取っていた。次にそれを舌でなめ、同時に手に唾液をつけているようであった。この動作は毛づくろい中一番時間をかける部分であった。

次にのどから胸にかけて上から下に向けてなめた。この時上腕もなめ、さらに腰や尻を毛並みにそってなめた。この動作は毛づくろいの最後に行なった。

途中で休息することもあり、また一方の前肢を前方に向け、胸の高さに浮かしたまま、数秒間静止して毛づくろいを中断することもあった。これは物音がしてそちらを警戒する時や、動作が変わる時に観察された。

一方、イエネコでは普通に見られる、完全に腰をおとして股を開き、性器や肛門とか後肢の後側をなめるようなポーズを、ヤマネコは餌場では行なわない。おそらく餌場では、常に非常時にそなえ最小限の警戒心を持ち続けているのだろう。

休息は普通毛づくろいの後に行なうが、毛づくろいが休息に含まれることも多かった。休息は前肢を立てたまま座った姿勢で行ない、肩や頭は比較的高い位置に保ち、尾は腰をかかえ込むようにして側面につけ、その先端は後肢の前側に達していた。長い休息の場合は、はらばいになり、前肢をそろえて胸の下にかかえ込み、両目を閉じた。

私はイリオモテヤマネコの確かな眠りを観察していないが、池原・島袋両氏はケイタの眠る時の姿勢を、大きく3つのタイプに分けている。すなわち、身体を横倒しにして両前肢、両後肢を投げ出すように伸ばす（A型）、身体を横倒しにして、尾と両後肢を顔の方にもっていき、顔をそれにうずめる（B型）、腹と胸を床に付け、両後肢を曲げて腹に当てるようにし、前肢を曲げて前方に出して顔をそれにのせる（C型）である。推定生後5から

6カ月には，A型とB型が多く見られ，推定8から9カ月にはB型とC型が多く見られたそうである。私が観察した「長い休息」は，上記のC型の眠りに相当するのだろう。A型とB型が見られなかったのは，餌場という人為の環境が影響しているのかも知れない。

休息時の両前肢を胸の下におさめる姿勢は，旧世界の小型ネコ類を他から区別する大きな特徴の1つで，大型ネコ類や南アメリカ系の小型ネコ類にはない姿勢であるといわれる。

休息中でも周囲には気を配っており，時々頭を動かしたり，多少首を伸ばしたりした。数多い観察のうちで1時間40分の休息が最も長かったが，ヤマネコは休息がすむと，ゆっくり餌場を去った。

⑦ その他の行動
摂食中の警戒

餌場では採食行動の他，設置した器材を丹念に嗅いで回る行動や，ヨナラB個体で見られた腸内寄生虫に原因する，肛門を石にこすりつける行動なども観察され，予期せぬ収穫も得られた。ここでは，多少とも採食行動と関連すると思われる摂食中の警戒と木登りについてのみ述べる。

イリオモテヤマネコは餌場へ進入する際，すでに周囲と餌場内の安全を十分確認しているようである。滞在中は特に警戒的な態度をとることは通常ないが，常に周囲へ気を配っていることは十分にうかがえる。また餌場で私の存在に気づいたとしても，それが直ちにそれ以後の行動に重大な変化を与えることにはならない。ヤマネコが日常聞き慣れている鳥の声，遠くを走る車の音，木々のざわめきなどにはほとんど反応しないが，車の音が急に変調したり，道をそれて近づいてくる気配の時は，耳を立てて首を伸ばして聞き入る。

例えばオオクイナのような鳥が，突如至近距離で鳴いたとき，人間ならびっくりするような大きな音であっても，ヤマネコはほとんど何の反応も示さない場合が多い。しかし，身近で聞き慣れない音，たとえば私がたてた物音や，セットしたカメラの操作音，あるいは枯枝が落ちる際，他の枝にぶつかったり岩にぶつかったりと複雑な音をたてた時などは，摂食を中断あるいはくわえていた肉片を落とすことさえあり，音の方向を注視する。普段と異なる音がしたとき，それを可能な限り目で確認しようとして，数秒から時には数分間も対象を注視し続ける。
　この結果，突如，対象の位置と関係なく，よく利用する道へ走り去るか，対象から遠ざかる方向へゆっくり，あるいは多少急ぎ足で去ることがある。それ以外のときは中断前の動作に戻る。結果的にどの方法をとるのかは，ヤマネコ自身が感ずる危険や不安の度合によるのだろう。対象が危険なものかどうかの判断は，対象の動きにあるようだ。たとえば私が物音をたて，ヤマネコに気付かれ視線が合った場合でも，ただひたすら身動きせずにいれば，やがて警戒を解き，中断前の動作に戻るか，たとえ一時餌場から去っても，必ず再来する。しかし，注視されているとき，手や頭を動かすとヤマネコは素早く去り，そのような場合は再来しないことが多い。
　これに対してイエネコは，人為的な音の場合，対象を確認せず反射的に跳び去り，その時の方向も定まらず，器材に体をぶつけて転倒したり，アダンの藪に突入して苦しみもがいたりしたこともある。一般的な観察の限りでは，飼育下のイエネコはこれ程の反応は示さず，むしろ逆に人為的な物音からは安心感すら得ているように思われる。イエネコと比較した場合，イリオモテヤマネコは異常に対して，まず目で対象を確認しようとする点が大きく違っていた。

ヨナラ B　　　　　　　　　　　　コミ F

休息（行動図式の J）

休息の場合は，はらばいになり，前肢をそろえて胸の下にかかえ込む．特に長時間におよぶ時は，目を閉じる．

コミ F　　　　　　　　　　　　ヨナラ A

摂食中の警戒

食事中に普段聞きなれない音や声がしたりする場合，イリオモテヤマネコは食事を中断し，耳をたてて，その音に聞き入る．

木登り

　イリオモテヤマネコの木登りについては，これまで西表島の住民の目撃例の他は知られていなかった。そのため，イヌに追われた時など，緊急時に樹上に逃れる他は，地上中心の生活であるというのが定説であった。しかし，食性調査からズアカアオバト，コノハズク，ヒヨドリ，メジロ，ハシブトガラスなどの鳥類や，マダラコオロギ，ヤエヤママダラゴキブリなどの樹上生活をする昆虫類を，かなり捕食していることが明らかになった。ただこれらの動物は地上へもおりるので，その時に捕食されたとも考えられる。しかし，食性調査からクビワオオコウモリがかなり捕食されていることも判明した。フン分析でのクビワオオコウモリの出現率は合計で16.5パーセント，1番高い12月は28.7パーセントであった。これはクマネズミ（35.9パーセント），オオハヤシウマ（35.1パーセント），マダラコオロギ（22.4パーセント），キシノウエトカゲ（18.6パーセント）に次ぐ出現率である。

　クビワオオコウモリは成獣で生重量301グラム（4頭の実測値の平均）あり，イリオモテヤマネコの食物として特に重要な位置にあると考えられる。クビワオオコウモリは地上におりる習性がないから，ヤマネコが積極的に木登りを行なって捕食することが推測される。私は1978年2月から3月に，樹上に肉片を置く方法でヤマネコの木登りを詳細に観察した。対象としたのはヨナラA，Bのオス2個体で14日間の観察であった。観察は直径50センチ，高さ7メートルのリュウキュウマツで行なったが，ヤマネコは地上1.2から1.5メートルの高さにある直径5センチの枝に，直接とびつくことができた。まず跳び上がって前肢を枝にかけ，懸垂するようにして体を持ち上げ，ほとんど同時に後肢をかけて座った。太い幹では後肢を多少とも，前肢は大きく広げて幹をかかえるようにして上り，枝がある時には，その付け根を利用してらせんを描くように登った。上層ではかなりの細枝でも平衡をと

ヨナラ A　a
b
c
d
e

木登り

イリオモテヤマネコは樹上でも巧みに行動する．太い幹は前肢を大きく広げて幹をかかえるようにして登り (a)，上層ではかなりの細枝でも平衡をとりながら歩行し (b, c)，方向転換を普通に行なった (d)．下降は枝の付け根を利用しながらも，頭を下に向けて尾を幹に密着させながら巧みにおりる (e)．

りながら歩行した。枝から他の枝へ直接とび移ることはせず，枝の先端近くまで行くと，そこで回転して付け根に戻り他へ移った。回転時は，まず頭を動かして顔だけ後ろ向きになり，次に回転する側の前肢を後肢の後に移動して向きを変えた。尾は全体のうちで一番あとにゆっくり移動した。太い幹に四肢でつかまり，ちょうどセミのような姿勢で静止し，2メートルの高さから，しばしば地上へ飛び降りた。

　ネコ類の中でマーゲーは森林に棲み，狩りの多くを樹上で行ない，特に木登りが上手なネコとして知られる。一般にネコ類は木の幹を下降する際，尻を下にしてぎこちなくおりるのに対して，マーゲーは頭を下（先）にして素早くおりる。イリオモテヤマネコに関しては同様の行動を観察する機会がなかった。それはイリオモテヤマネコの場合，2メートルの高さから直接地上へ跳びおりることができるのに対し，西表島では2メートルを十分に超す高さまでまったく枝がない木を探すことはむしろ難しいことだからである。しかし，枝の付け根を利用しながらも頭を下に向けて，尾を幹に密着させながら巧みにおりることができた。

　食性の内容，上に述べたような樹上での動きの他，高良鉄夫博士が，まだ目が開いていない新生児が高木の樹洞から見つかったことを報告，池原貞雄博士が，琉球大学熱帯農業研究施設の個体は，5年以上もごく狭い箱で飼育されていたのにもかかわらず，広い飼育場へ移動後は，樹上や大木の根元の穴に静止することが多かったことを報告している。沖縄こどもの国で飼育中の個体が非常に頻繁に木に登ることなどを考慮すると，イリオモテヤマネコは，ただ単に木に登ることができるというのではなく，生活の一部を樹上においているといえるだろう。

　イリオモテヤマネコの樹上での活動に関しては，後に池原・小西両氏の琉球大学熱帯農業研究施設の個体を用いた観察がある。

樹上行動に関しては私の報告とだいたい同じだが，樹上にヒヨコを置くなど，私ができなかった方法で樹上での捕食行動を観察し，詳細な報告をしている点は興味深い。以下はその抜粋である。

「地上を歩行する際に頭部を低く保つが，樹上の物音などに非常に敏感に反応した。物音があると，さかんに耳介を動かし，また頭を上げて視覚による確認を努めた。

地上における樹上への様子見で対象物の確認ができない場合，対象物への接近が行なわれた。この接近方法には地面を移動して行なわれる場合と，手頃な樹木の枝などへ跳び移って様子を見る場合とが認められた。

樹上で様子を見る行動は，更に生餌への接近，攻撃行動に引き継がれる。樹上の生餌に対する攻撃行動には3つのパターンが認められ，いずれに従うかは，餌とイリオモテヤマネコの位置関係，餌のある樹木の形態，隣接樹木の有無などによって決まるものと思われる。

A：餌動物が枝上にいる場合，イリオモテヤマネコはその樹木の幹を垂直方向に登り，餌動物のいる枝を伝って攻撃した。

B：餌動物が樹木の幹に接した枝にいる場合，イリオモテヤマネコは樹幹をらせん状に登り，餌動物の背後から攻撃した。

C：餌動物が何らかの理由で登ることが困難な樹上にいる場合，イリオモテヤマネコは，まず隣接する樹木に登り，枝伝いに移動し，餌動物を攻撃した。

イリオモテヤマネコは餌動物を樹上で捕殺した後，樹上で食べることはなく地上へ餌をくわえて降りてきた。樹上における摂食は野外では観察されなかった。しかし飼育個体では，地上で捕殺した後獲物をくわえて樹上へジャンプし，比較的安定した場所に獲物を置き，摂食するのが観察された。樹上における摂食方法は

地上での場合と似ており，両者の間に顕著な相違は認められなかった。飼育個体が樹上へ餌を運んで食べたのは地面がぬれていた時であったので，あるいは野外においても，雨などにより地面がぬれている場合には樹上で摂食することがあるかも知れない。

樹上から地面に降りる際，捕殺場所が安定しており，跳び降りるのに適当な高さで，着地場所が良好な場合には，イリオモテヤマネコはそこから跳び降りた。飼育個体では成鶏を口にくわえたまま地上約1メートルの高さから跳び降りた。しかし，そのような条件が，満たされない場合には幹を伝って下降が行なわれた。この場合には尻を下にした体勢で下降し，地上約50センチで方向転換し，地上へ跳び降りた。イリオモテヤマネコの場合，頭を下にして樹上から跳び降りるのが基本となっているようで，幹伝いに後ずさりして降りる場合でも，地上までそのまま降りることはなかった」といった事柄が，報告されている。

さらに，池原・小西両氏はイリオモテヤマネコにとって樹上での活動がどのような意味を持つのかを論じている。

まず，私が，イリオモテヤマネコがクビワオオコウモリの他，ズアカアオバト，コノハズク，ヒヨドリ，メジロ，ハシブトガラスなど樹上性の動物をかなり捕食していることを指摘したが，これに関して，「オオコウモリは文句なしに樹上性であり，イリオモテヤマネコが木に登って捕食したであろうことはまず間違いない」としている。さらに，「鳥類については，どのような時に喰われたのかはっきりしたことはいえない。しかし，イリオモテヤマネコが主として夜間活動することと，おそらくその時間内には鳥類の多くが多少とも樹上で休息しているであろうことを考え合わせると，イリオモテヤマネコが樹上でかなり多くの鳥を捕食していると考えてもおかしくはない」，「イリオモテヤマネコが地上を歩行する際にも，樹上での物音などに非常に敏感に反応し，場

合によっては樹上に登って様子を見る行動をとることが明らかになった。また，樹上の餌動物の捕え方についても地上の場合にくらべて明らかに下手であるといったことは全く見られなかった。つまり，樹上性の動物がイリオモテヤマネコの餌の中で重要な位置を占めるとしたらおかしいと思われるような行動は見られなかった」と述べている。そして，「イリオモテヤマネコの捕食行動を特徴づけているとされる，前肢を押さえ込みに使わない攻撃方法は樹上で餌を得ることが過去あるいは現在において重要な位置を占めるとすると容易に理解できる。このような見方は安間が述べており，著者らもその見方に同意したい」と，樹上活動がイリオモテヤマネコの生活の中で重要な位置を占めていると結論している。

まとめ

　これまでの話は，イリオモテヤマネコを西表島の彼等の棲息地の森林内で，空地を利用して観察し，主に採食行動を中心にまとめたものである。

　論文としてまとめた時点では，約11個体について，延べ137日間直接観察をした。個体識別は性別も含め，主に外観上の特徴，たとえば紋様の違い，外傷，病気の痕跡で行なった。

　直接観察の効果をあげるために，通常の観察用具の他，照明装置2種類，到来報知器，雌雄鑑別装置，追跡装置などを独自に考案して使用した。

　餌場という人為的な空間はごく僅かなものではあるが，ヤマネコの行動に多少とも影響を与えたようである。餌場が比較的耕作地に近い山麓部に位置している事も原因して，餌場への到来が日没前後から夜間の比較的早い時間に集中しており，日中やってく

ることはほとんどなかった。羽むしりも野外での食べ残しに見られる程ていねいではなく，毛づくろい中も，常に最少限の警戒は怠っていないように思われた。

　採食行動は複数の餌場の複数の個体に共通のかなり一定したパターンがあり，それは餌場以外の野外の場合と変わらないであろうと思われる。さらに一連の採食行動の発現順序はライハウゼン博士が行なった実験室における観察に比べ，より自然に近いものであろうと推測される。

　上記のように餌場における行動がヤマネコ本来のものより，多少とも制約されていることとは逆に，ヤマネコが餌場での摂食を生活の一部に組み入れること，換言すれば餌付け化が心配されたが，餌以上に彼等の行動を決めている他の要因があるようで，少なくとも私が行なった範囲内では，そのような問題は生じなかった。

　餌場におけるイリオモテヤマネコの餌への接近は3段階の探索行動と，それぞれに続く前進の過程からなっていた。すなわち，餌場に到達すると，まず最初の探索を行なう。これは離れた距離から様子を見るという行動で，さりげなく餌や周辺の様子を探る。餌が単なる肉片のときは，多少重心をさげた姿勢で肉片へ向かう。餌動物が極めておとなしいときは，ゆっくり注意深く前進する。そして餌動物がよく動くときは，必要に応じて攻撃適地を選び，低い姿勢で探索をともなう静止と前進を繰り返しながら餌に接近する。この際，利用できる遮蔽物があればこれを利用する。

　第2段階の探索行動はかなり警戒的な姿勢で，首を長く伸ばして餌の様子を探る。

　第3段階は一気に餌を攻撃できる位置で行なう探索行動で，この直後に餌を攻撃する。

　攻撃に際しては，餌の至近に両前肢を踏み込んで，いきなり首に噛みつくのが常で，前肢で直接餌を押さえ込むことはない。

餌を捕獲した直後，それを持ち去ろうと強く引くが，じきにやめ，その後はあえて引くことはせず，餌を嚙み続ける。この場合，僅かに口だけを動かし，頭と体は常に静止させている。この間に上顎の犬歯で餌の頸椎の連結を切断し，致命傷とする。

　嚙み続ける行動が終わると，殺した餌をとりあえず物陰に運ぼうとするが，その後，一旦必ず餌を放置してその場を離れ，ただちに摂食行動にはいることはない。一旦その場を離れる際は，首を伸ばして頭部を高く持ち上げた姿勢でゆっくり歩く。しかし，この行動は生きた餌を殺した場合にのみ観察され，肉片を与えた場合はそのまま摂食にはいる。

　再来後に初めて摂食するが，その際まず羽むしりを行なう。ニワトリを餌とした場合，観察したすべての個体に羽むしり行動が見られたが，そのていねいさには違いがあった。これに対し，ヒヨドリを与えたときは羽むしりをせず，クマネズミ，マウスの場合も毛をむしらないまま摂食した。摂食は前かがみの姿勢で行なうことが多く，普段は前肢を直接餌にふれないで，口だけを使って食べる。通常，最初に胸部に食いつき，内臓を露出してこれを食べることが多く，餌が特に大きい場合を除いて，ほとんどの部分を食い尽くす。

　摂食後は毛づくろいと休息を行なう。毛づくろいの中心は，前肢の手入れと口元の清掃である。本格的な休息では腹を地につけて，前肢を胸の下にそろえておさめる。最後に食べ残しを枯草などで隠すことがある。

　この，イリオモテヤマネコにおける一連の採食行動の過程で見られる個々の行動や姿勢は，現生のネコ科動物に共通したもので，特に旧世界に棲む小型ネコ類の特徴と一致した部分が多かった。

　今泉吉典博士は，『イリオモテヤマネコの生態及び保護に関する研究 第三次報告』において，イリオモテヤマネコの系統について次のように述べている。

第三紀のネコ科動物はニムラブス亜科，マカイロゾス亜科，ネコ亜科の3つに大別され，このうちネコ亜科はニブラムス亜科から分化したもので，両者をつなぐのがプセウダイルルスである。このプセウダイルルスに近縁なものから2本の枝が分出した。初めの枝はメタイルルス族で，今から500万年から1000万年前の中新世後期か鮮新世前期に出た。後から出た枝はネコ族である。チーター族はその中間の時期にネコ族の枝から分出したとし，現生ネコ類をメタイルルス族，チーター族，ネコ族，ヒョウ族の4つに大別している。そしてイリオモテヤマネコをメタイルルス族の唯一の現存種と位置づけた。この分類学的な見解と共に，「イリオモテヤマネコにネコ類の狩りの源をさぐる」において，イリオモテヤマネコの狩りの技法は現生のすべてのネコ科動物と異なり，現生ネコ類と剣歯虎類の共通の祖先であるニムラブス亜科の技法に似たものであろうと述べている。その理由として，イリオモテヤマネコは現生ネコ類が共通の祖先から獲得した殺しの技術を，まったく身につけていないと説明し，具体的には「獲物を狙う最終攻撃直前の構えの際，前肢と後肢をあまり接近させない。獲物のどこの部分を嚙むのか一定していない。イヌ科動物のごとく獲物を嚙んだままふりまわして殺す方法を用いる。羽むしりの行動がまったくない事」などを挙げている。

　しかし，上記の事柄に関する私の調査結果はすでに記したごとく，今泉博士とはむしろ逆の結果が得られている。一連の採食行動で観察された特徴と共通性から，あえてイリオモテヤマネコの類縁関係を求めるならば，それは現生の旧世界に棲む小型ネコ類であるといえよう。

　ちなみにライハウゼン博士は，イリオモテヤマネコを*Prionailurus*（ヤマネコ属）に分類し，同時にイリオモテヤマネコは *Prionailurus* と *Pardofelis*（マーブルドキャット属）および *Profelis*（ゴールデンキャット属）を結ぶ所に位置するネコであろ

うと考えている。*Pardofelis* と *Profelis* は旧世界であるアジアからアフリカにかけて分布し、それぞれ数種の野生ネコが含まれている。

イリオモテヤマネコと現生の小型ネコ類の基本的な共通性をふまえた上で、イリオモテヤマネコの行動の個々の部分に着目して見ると、他の小型ネコ類と異なり本種を特徴づける行動も観察される。それは、「最終攻撃直前の構えの際、後肢で足踏みすることをせず、尾の先端をさかんに動かすこともないこと」、「通常の攻撃では、餌動物をおさえる武器として前肢を用いることなく、いきなり噛みつくこと」、「餌動物を殺す際首を噛むが、頸椎の一部を損傷させるなど、噛み方が粗雑のように感ぜられること」、「餌動物を殺す攻撃の間、それを噛み続けて離さないこと」などである。

このようなイリオモテヤマネコに特徴的な行動や姿勢と、本種が樹上でもかなり敏捷に行動するという事実を考え合わせると、イリオモテヤマネコは本来森林に棲み、樹上にも生活の一部をおいているネコであろうと推測される。そして食物のうちで特に重要なオオコウモリや中型から大型の鳥類を、不安定な樹上で、四肢で全身を支えながら捕獲し、一旦捕獲した獲物は絶対離さないという方法が、地上でも獲物がおとなしい場合に反映されるのだと私は考えた。

以上、イリオモテヤマネコの採食行動は基本的には旧世界に分布する現生の小型ネコ類と変わらない。しかし、本種を特徴づける個々の行動や姿勢が見られる。そして、それは主たる生活環境である西表島の植生と、食物となる動物相を直接反映した適応的行動様式だというのが私の結論である。

イリオモテヤマネコの分類学上の位置

　イリオモテヤマネコは，20世紀後半にまったく未知の哺乳類が発見されたということで，世間の注目を集めた。
　最初にイリオモテヤマネコの存在に注目したのは琉球大学の高良鉄夫博士で，1961年から情報の収集と標本の入手に努め，毛皮1枚，頭骨1個を得た。これが動物学上の発見の契機となり，1965年，作家の戸川幸夫氏が高良氏の手もとにあった標本と，戸川氏自身が西表島島民から入手した毛皮1枚を東京へ持ち帰った。1967年，今泉吉典博士は，これらの標本および当時入手可能な計5個の標本に基づき，このネコを新属新種 *Mayailurus iriomotensis*. 和名イリオモテヤマネコとして発表した。その後，本種の形態に関する研究報告は，今泉・高良両氏の1編しかなく，この学名を踏襲する研究者もあったが，ペートシュ，グギスバーグ，ライハウゼン博士など欧米の研究者等は，イリオモテヤマネコを新種のネコと認めながらも，新属を設置することには疑問を持ち，単に *Prionailurus*（ヤマネコ属）の1種とした。
　私自身は，手もとにあった4個の標本の検討と上述した行動上の特性から見て，ライハウゼン博士等の意見に従うほうが妥当だと考え，論文を書く際には，学名 *Prionailurus iriomotensis*. 和名イリオモテヤマネコを使用してきた。

　私は東京大学大学院在籍中にイリオモテヤマネコの生態研究を行ない，1979年，論文「イリオモテヤマネコの食性と採食行動」によって，東京大学から学位を授与された。
　1981年には，研究の一部が「イリオモテヤマネコの採食行動」と題して学会誌に掲載された。この論文は，「イリオモテヤマネコは旧世界に分布する現生の小型ネコ類と変わらない」と結論し

たものである。それは、既存の説であった「イリオモテヤマネコは500万年以前に繁栄したメタイルルス族の唯一の現存種で、現生ネコ類が持つ殺しの技術を、まったく身につけていない」とするものに真っ向から反論した最初の論文となった。

　前述した池原貞雄博士、池原・島袋両氏、池原・小西両氏らは、主に沖縄こどもの国の「ケイタ」及び琉球大学熱帯農業施設での飼育個体を用いて、イリオモテヤマネコの行動を観察している。報告ではイリオモテヤマネコの系統的な部分は論じていない。しかし、「観察結果は大筋において、イリオモテヤマネコが基本的にはネコ科の共通の攻撃法を持っているが、通常前肢を押さえ込みに使わない方法はイリオモテヤマネコを特徴づけるものであるという安間の見解を支持するものである」と結論し、私にとって心強い報告書となっている。

　私の研究時代、染色体やRNA（リボ核酸）で動物の種を判定したり分類する方法は、技術的に確立されていなかった。それが1990年代に入ると、そのような遺伝学的方法が分類や系統発生学において重要な地位を占めるようになった。

　イリオモテヤマネコの分類学的位置に関しては、鈴木仁氏や増田隆一氏らの業績による部分が多い。両氏は当時一般的だった制限酵素を用いる方法で、イリオモテヤマネコとベンガルヤマネコのリボゾームDNA（rDNA）内のスペーサー地域にある制限酵素断片長の多形現象を比較した。結果、系統発生学的な観点からすれば、両種は非常に近い関係にあり、それはネコ科他種における種内変異あるいは個体変異の範疇と結論した。そして、イリオモテヤマネコは18万年から20万年前にベンガルヤマネコの他亜種と分化し、イリオモテヤマネコの祖先となる個体群は、極めて新しい時代に大陸から西表島に進入したと推定している。つまり、イリオモテヤマネコはベンガルヤマネコ *Prionailurus bengalensis*

と同一種で、西表島にだけ分布する亜種レベルの個体群ということである。

　私の研究はもっぱら行動面の観察からだったが、「イリオモテヤマネコは現生の小型ネコ類と変わらない」と結論した。それから10年以上たち、新しい遺伝学的な研究手法で、図らずも私の説が正しかったことが証明されたことになる。

　ベンガルヤマネコはアジアでは最も広く分布する小型ネコで、西はバングラディシュ、インド、北はシベリア、朝鮮半島から中国、インドシナ半島、南はボルネオ、スマトラ、ジャワにまで分布する。現在12亜種に分類されており、長崎県対馬のツシマヤマネコも分類上ベンガルヤマネコの1亜種となっている。西表島の個体群は *Prionailurus bengalensis iriomotensis*、和名イリオモテヤマネコとされ、現在は、一般的にこの分類を採用する傾向にある。しかし、2009年のネコ科専門家グループのニュースレターによると、イリオモテヤマネコの分類学上の位置に関して、再検討の必要性が述べられている。

　ここで、イリオモテヤマネコの頭骨を見てみよう。頭蓋骨を下面から見ると、翼状骨という、正中線を挟んで後方に突き出た1対の大きな突起がある。この突起に挟まれた溝を翼状骨間窩と呼ぶ。溝の外縁が描く線は、イリオモテヤマネコでは常に槍の穂先形をなしている。これに対して、ベンガルヤマネコやイエネコはM字形を呈する。また、イリオモテヤマネコの歯数は切歯（I）上顎3下顎3、犬歯（C）1と1、前臼歯（PM）2と2、臼歯（M）1と1で、片側14本、それが左右にあるから総計28本である。（歯式：I 3/3, C 1/1, PM 2/2, M 1/1 = 28）

　歯式とは動物の歯の種類と数を表す式で、下顎を分母に上顎を分子にして前から奥へ、すなわち切歯（門歯）、犬歯、前臼歯、臼歯の順序で表し、最後に上下の歯の総数を書く。

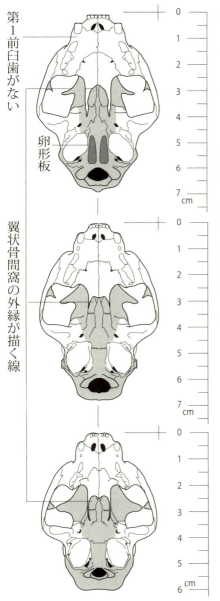

頭蓋骨下面の比較

上から
イリオモテヤマネコ
ベンガルヤマネコ
イエネコ

イリオモテヤマネコとベンガルヤマネコの頭骨はイエネコより長く，長さの割に幅が狭い．一方，イエネコは長さの割に幅が広い．

イリオモテヤマネコは第 1 前臼歯がなく，歯の総数は 28 本．他のネコは 30 本．

翼状骨間窩の外縁が描く線は，イリオモテヤマネコでは槍の穂先状となるが，他のネコでは M 字形になっている．

卵形板はイリオモテヤマネコ特有のもの．

哺乳類の歯の基本は I 3/3, C 1/1, PM 4/4, M 3/3 = 44 であるが，現存のネコ科動物はすべて上顎の第1前臼歯，第2，第3臼歯，下顎の第1，第2前臼歯，第2，第3臼歯を欠き基本歯式は，I 3/3, C 1/1, PM 3/2, M 1/1 = 30 となる。イリオモテヤマネコはさらに上顎の第2前臼歯を1対欠いているということである。私の図中にはイリオモテヤマネコは上顎の第1前臼歯を欠くと表現してあるが，これはネコの基本歯式をもとにしたためで，一般に使われている方法である。

　さらに，私は「卵形板」と呼んでいるが，頭蓋骨の左右の鼓室胞の間，すなわち底蝶形骨と底後頭骨にまたがる位置に1対の「柿のタネ（菓子）」形をした平たい丘が存在している。これらはすべてイリオモテヤマネコに特有な形質である。

　ただし，イリオモテヤマネコで30本の歯を持つ個体を1頭確認したと，1980年代に入って，川島由次琉球大学教授から聞いたことがある。さらに，私は，1990年代初頭，ボルネオ島東カリマンタン州の山中で捕獲された野生ネコ（おそらくイエネコ）を，死後検査したことがあったが，この個体の翼状骨間窩はイリオモテヤマネコに似て槍の穂先形を呈していた。標本は，当時私が所属していたインドネシア国立ムラワルマン大学の熱帯雨林研究所に保存，手もとには複数の写真を保管している。

　しかしながら，以上のような，ほぼイリオモテヤマネコだけに認められる形態上の特徴が幾つかあり，これを根拠に，私は一貫してイリオモテヤマネコを独立した種として扱っている。

第4章　イリオモテヤマネコの食性

私はイリオモテヤマネコの食性を知るためにフン分析，採食行動の直接観察，胃腸の内容物の調査，食い残しの調査の4つを行なったが，なかでもフン分析は最も重要なものであった。フン分析には，調査対象となる動物が排泄したものかどうかの判定，被食物で消化されやすいものとそうでないものがある等，固有の短所がある。しかし資料が集めやすく，従って例数を増やすことができる等のきわだった長所もある。特に，森林に棲み夜行性であるイリオモテヤマネコの食性を知るためには，ほとんど唯一の現実的な方法であると考えた。ここでは，フン分析に若干の直接観察（1例），胃腸の内容物（2例），食い残しの調査（28例）の結果を加えて，それらからイリオモテヤマネコの食性を解明することにする。

　フンを扱うことの利点を十分に発揮するためには，その前提として対象動物のフンであるかどうかの識別が確かでなければならない。イリオモテヤマネコを研究対象とした，私の場合を紹介しよう。

　西表島に棲息する陸生哺乳類は，ほとんど全島的に分布するイリオモテヤマネコ，タイリクイノシシ（亜種リュウキュウイノシシ）の他，主に人家周辺や耕作地に分布するクマネズミ，ジャコウネズミ等が知られており，私も確認している。この他，本来家畜であって，現在では野生化した個体も多いイエネコ，ヤギがいる。イエネコはクマネズミと同じく人家周辺と耕作地に分布するのに対して，ヤギは人家から遠い山地林に棲んでいる（私の調査当時）。家畜で多少ともフンの分布上問題となるのは役牛としてのスイギュウと放し飼いにされているウシであろう。どちらもウシ独特の大型のフンでネコ類と間違えることはない。しかし，多少フィールド経験がある人でも，古くなって中心部が雨で流されたようなフンでは，残存するへりの部分をネコ類のフンと見違えることがある。この他，小原剛氏の報告書ではイタチが1965か

ら1967年にネズミ退治の目的で西表島に移入されたとある。私も一度，船浦地域で目撃したことがある。しかし，その後定着できなかったようで，私がイリオモテヤマネコの調査を行なっている頃には，棲息を裏付ける資料はなかった。

　ヤマネコのフンと往々にして紛らわしいものは哺乳類のフンよりは，むしろある種の鳥類のペリット（吐物）やフンである。例えばコノハズクの仲間のペリットは何度も雨にうたれてほとんど内容物だけになったヤマネコのフンと外観上紛らわしい。しかし，内容物組成を見れば，ペリットの場合は著しく単純である。ヤマネコのフンであれば内容物の複雑さと同時に，ヤマネコ独特の内容物が含まれている。

　また，カラスやハト類のフンで鳥類独特の白い尿酸の附着がない場合には，ヤマネコの幼体のフンと見間違う可能性がある。しかし，新しいものでは鳥の場合はタール様のにおいがあり，ヤマネコの場合には独特の獣臭がある。古いものでも水洗してみると残渣の組成が違い，それ以上に鳥の場合には全体が一様に細かく噛み砕かれていてすぐ区別がつく。ごくまれには量，色彩，表面に露出した内容物だけでは子ネコのフンと紛らわしい鳥のフンがある。1974年5月から1978年4月までに採集した854例のフンの中で，そのようなものは5例あったが，それらはフン内容物の比較的固い固形物の大きさがヤマネコにしては細かすぎること，内容物の種類組成が異なり，例えばカタツムリの殻が多量に含まれていること，そしてもちろんヤマネコ自体の毛が含まれていないことなど，フン分析を着実に行なえば明確に識別できるものであった。

　以上のようにある特定の場合にヤマネコのフンと紛らわしくなるものが幾つかあるが，それらは，通常の注意を払うことで，間違いなく区別ができる。

比較的新しく形状が整っていても，常に紛らわしいのはイエネコのフンである。西表島にはイエネコが野生化しているが，今のところ森林の奥深くへは侵入していない。これがイエネコ自身の習性からそのようになっているのか，イリオモテヤマネコとの種間関係からそうなるのかはわからない。しかし，山麓部ではイリオモテヤマネコと分布域が重なっている。

　少なくとも形態と被食動物を見る限りでは，野生化したイエネコのフンと，イリオモテヤマネコのフンとの区別はきわめて難しい。イエネコは排便後砂をかける傾向があるものの，絶対的とはいえず，私の経験の限りでは，野生化したものではむしろ砂をかけなくなるように見られた。同様のことは，和泉剛氏の報告にもある。

　イリオモテヤマネコのフンであるとする判定は，全章で詳細を述べたごとく，フンに含まれるネコ自体の体毛の違いや，一般的な分布域の違いでほぼ正確に区別することができる。

1）フン

採集ならびにフンの形態

　イリオモテヤマネコの糞はソーセージ状で，形から見ればイヌやイエネコのフンと似ている。新しいフンは，平均して直径（太さ）1.3センチ，1例（1回分）の長さは平均14.4センチの棒状である。通常2から3個にちぎれており，個々のフン塊は5.8センチである。排泄後3日以内と思われる新鮮なフンの生重量は平均16.6グラムであった。これが結論であるが，そこに至る過程を，順を追って紹介しよう。

　フンを見つけた時，まず通し番号を付ける。フンは割りばしな

どを使って採集するが，この際，1カ所にあるフンの個数，それぞれの直径と長さ，新鮮度，外観上の特徴の他，排泄場所の位置，環境などをフィールドノートに記録する。重量は20g〜100gの棹秤で湿重を測定。現地で測定することもあるが，フンをポリ袋に入れて持ち帰り，宿舎で測定することが多かった。これと並行してフン1例につき1枚のカードを用意し，上記の事項を記録する。後にフンの分析結果も同じカードに記入した。

　イリオモテヤマネコの採食，排便のリズムを野外で調べた例はないが，フンの産状やペットのイヌ，イエネコの例から考えて，排便は1日に1から2回に限られているのだろう。複数のフンが同一地点に分布する場合，その外観や集合状態から1回の便通によるものと思われるものがほとんどすべてである。私はこれまで1回の便通による1組のフンを1例，2例と数えて，個々のフンの個数と混同することを避けてきた。本書でもこれに従うことにする。

　フンの量的目安として肉食動物の場合，1例を構成するフンの長さの合計がよく使われるが，より広い範囲での比較のためには新鮮時の湿重（および容積）あるいは乾重の方が，より合理的であろう。しかし，現実問題として野外で採集されるフンの場合，新鮮なフンと言っても文字通り排泄直後のものはごくまれである。私の場合は，A：排泄後3日以内のもの，B：4から7日のもの，を区別して分け，それよりさらに古そうだが，あまりはなはだしく崩れたり変色したりしていないものを，外観上の印象からC：8から14日，D：15日から1カ月以内とし，資料として採集した。それ以上経過していると考えられるものは採集しなかった。新旧の査定は，排泄日が正確に判明しているフン，例えば調査域の一部で行なったあらかじめ餌に記号をつけておいた時のフンや，毎日調査している地域で採集したフン等の状態から経験的に判定した。

第4章　イリオモテヤマネコの食性

月		1	2	3	4	5	6	7	8	9	10	11	12	合計
新旧の程度	A	73	47	34	9	8	11	14	9	7	10	41	71	334
	B	9	19	27	3	5	11	9	9	4	3	27	16	142
	C	11	16	34	1	26	12	18	2	14	9	34	16	193
	D	6	20	14	10	28	3	19	9	4	13	42	12	180
合計		99	102	109	23	67	37	60	29	29	35	144	115	849

資料としたフンの新旧の程度と個数

採集期間 1974 年 4 月～1977 年 4 月． A：排泄後 1～3 日．B：4～7 日．C：8～14 日．D：15 日～1 カ月．
フンは月毎に集計したが，これは採集日ではなく，排泄した日を基準にしている．

　以上の方法で採集し，資料としたフンは 849 例で，その内訳は上記の表の通りである。私が資料としたフンは，すべて排泄後 1 カ月以内であり，A と D の段階を比較した場合でも食性調査に問題となるような変化は認められなかった。それ故，資料の分析結果も含め，同月のものは集計の際ひとまとめに扱った。しかし，フンの直径，長さ，1 例を構成する個数の調査には A，B を使用し，生重量の調査には A の資料のみを使用した。

　まず，フンの全長と湿重の関係を見てみた。資料として A クラスのフンのうち排便後 1 日以内及び 2 日以内であることが確かな，それぞれ 64 例と 18 例を用いた。それによると排便後 1 日以内のものと 2 日以内のものでわずかに後者が軽い傾向が見られるものの，実質的には差がなかった。このことは排便後の半日以内の重量減少に比べて，その後の減少傾向がかなりゆるやかになっていることを意味する。橋本豊氏はシロネズミを使った実験で，「一般に排泄後のフンの重量減少は当初ほど急激で，その後次第にゆっくりとなる」と報告している。私が採集して測定したイリオモテヤマネコのフンは，排便直後に比べ 30 から 40 パーセント

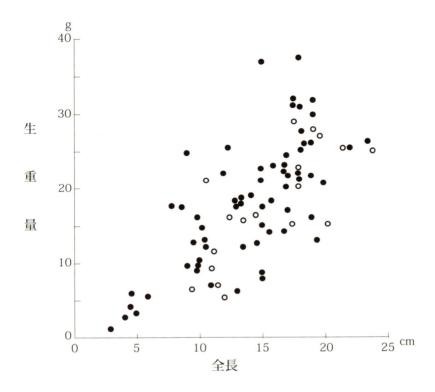

新鮮なフンの全長と生重量の関係

排泄後 24 時間以内のフン（●）64 例と 24-48 時間のフン（○）18 例を資料としている．全長が同じフンを比較した場合，前者が後者よりわずかに重い印象だが、その差は顕著ではない．

減少していることが，高杉欣一氏による排便直後からのフンの重量減少の研究から推測される。

　フンの全長と1例を構成する個数を見てみた。夏半年に例数が少ないのは，調査日数そのものの少なさもあるが，ヤマネコ自体が生活の場をより奥地に移動させているらしいこと，及びフン虫の活動が活発なことによるものと私は考えている。なお，著しく軟便であったり，個々のフンが部分的に崩れていたため，事項により測定困難ないし不能のものがあった。このため，同月の資料でも例数が一致しない場合がある。夏半年の例数が極端に少ないためはっきりしたことはわからないが，1例の全長と個数に著しい季節変化はないのだろう。1例の全長では合計325例中，最大39.0センチ，最小2.0センチ，平均14.4センチ。1例の個数では合計417例中，最大7個，最小1個，平均2.5個であった。

　イリオモテヤマネコのフンを毎月集め，その大きさを月別に比較してみた。すると，興味深いことが見えてきた。すなわち，切れているフン塊の個数と個々のフン塊の長さの月別モードは，年間を通じて一定しているが，合計した全長は3月が一番短く，直径の短さは2，3月となっている。図での差はわずかだが，全長や直径から容積や重量を考えると，意味が大きい。つまり2月から3月にかけては，1回分の量が少なくなっていることを示している。例数が比較的多い月だけに気になるが，何が原因なのかはわからない。2から3月といえば，イリオモテヤマネコにとって交尾の最盛期にあたる。より多くのポストにサインを残すためかもしれない。また，肛門腺の分泌も当然最盛期になる。それが，肛門の緊張を引き起こし，排泄回数を増す可能性もあるだろう。

　フンの大きさ（特に直径）と，年齢・性別の間にはほとんど関係がないと思われる。生後まもない乳児の場合は当然大きさばかりでなく形態もがらりと違うであろうが，親と同じ食物を摂るようになるとたちまち区別がつかなくなる。資料では個々のフンの

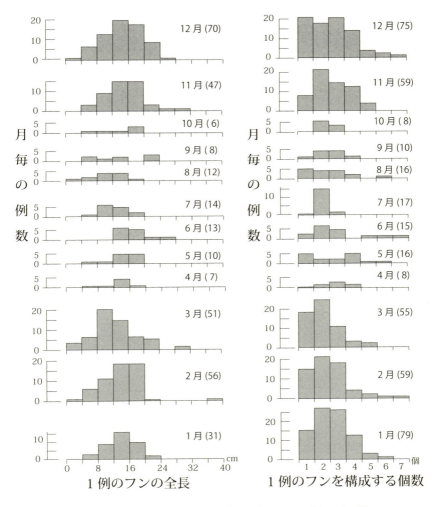

フンの全長と1例を構成するフン塊の個数

各月の括弧の数値は調査例数．1例の全長は最大 39.0cm，最小 2.0cm，平均 14.4cm（資料 325 例）．1例を構成するフンの個数は最大7個，最小1個，平均 2.5 個（資料 417 例）であった．全長と個数には差ほど著しい季節変化は見られない．

長さは，合計998例中，最大24.0センチ，最小1.0センチ，平均5.8センチ。最大径は合計978例中，最大3.0センチ，最小0.5センチ，平均1.3センチであった。

イリオモテヤマネコのフンの形は，対馬に棲息するツシマヤマネコのそれと似ている。ツシマヤマネコのフンについて，朝日稔氏は「乾燥状態のフンは灰褐色で，太さ16ミリ前後の棒状あるいは団子状で，1カ所に集積されているフンの長さの合計は最大412ミリであった」と述べ，山口鉄男・浦田明夫両氏は「太さ15ミリ前後，長さ50から70ミリの棒状で，数カ所くびれをもっている。ネズミの毛を含むものが多い。新鮮なフンは黒褐色であるが，乾燥して古くなると灰褐色となる。たいてい1カ所に2から数個のフンがあり，これは1回分のものである」と述べている。

フンの色

野外で発見されるフンは採集に支障のない程度の固さを持っているのが普通であるが，まれにはフン自体の形状を保ち得ないような著しい軟便から下痢便もある。一口にフンの形状といっても実に千差万別であり，一概に述べにくい。それでも私は，これまでの経験から，イリオモテヤマネコのフンを，比較的新鮮な時のフンの基調色に基づいて，(1) 黒色系，(2) 灰色系，(3) 黄褐色系（軟便から下痢便）に3区分している。

上記の3グループの共通する傾向として，イリオモテヤマネコのフンが，これまで知られているツシマヤマネコや新大陸のネコ類のフンと異なる点は，一般にソーセージ状を呈していても，その中程でくびれたり，亀裂の入ったものは少なく，全体に平滑となっているものが多いことであろう。他のネコ類のフン，とくに古いフンや乾燥地帯のもので見られるような，小さくぶつぶつとちぎれた団子状のフンはほとんどない。この傾向は，イリオモテヤマネコという種類の特徴というよりは，その棲息する環境，す

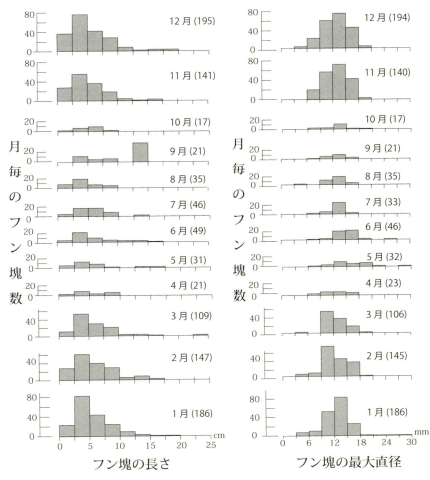

個々のフン塊の長さと最大直径

各月の括弧の数値は調査フン塊数．フン塊の長さは最大24.0cm，最小1.0cm，平均5.8cm（資料998個）．最大直径は最大3.0cm，最小0.5cm，平均1.3cm（資料978個）であった．個々のフン塊の長さでは月別の分布のモードは年間を通して一定しているが，最大直径のモードでは，わずかだが2, 3月で小さい側にずれている．

なわち，ネコ類中最も湿潤地帯に棲むことを反映した特性であるかもしれない。

① 黒色系

イリオモテヤマネコのフンでは新鮮な時に黒褐色ないしほとんど黒っぽく見えるものが最も多い。大きさや形は千差万別だが，固さは中程度で程よく固まっているのが普通である。フン内容物としてはネズミの毛，オオコウモリの毛，カマドウマ，コオロギの粗大なキチン片などが多量に含まれている。

この黒色系のフンはごく新鮮な場合はほとんどすべて薄い粘液で覆われ，凹所では厚くなって乳白色不透明になっている。陽当たりの良い所で半日もたつと，この粘液は大部分がわからなくなるが，部分的にはちょうどナメクジが這った跡のように少し光って見え，その存在が確認できる。試みにその部分をピンセットでつまんでみると，一枚の膜としては剥がれずに，つまんだ部分だけが崩れて取れてしまう。

一概に黒褐色で黒っぽいといっても僅かずつ色調の差があり，時間がたつにつれその差が目立ってくる。コオロギやカマドウマを多量に含んだフンでは，薄くおおっていた半錬り状のフン物質が乾いてはげ落ち，これらの昆虫の背板や頭部が直接表面に現れるため，それらの色に支配されるようになる。カマドウマやコオロギとはいっても，本土のものとは種類が違い赤褐色や黄橙色など，色彩が明るく鮮やかなものである。ネズミ，オオコウモリの毛や鳥の羽毛などを含むフンは数日間ほとんど変色しない。特に餌場の鳥肉だけを食べた時のフンは初めから黒く，なかなか変色しない。

黒色系のフンは一般に日が経つにつれて灰褐色に変わり，最後にはほとんど白っぽくなってしまう。また黒色系のフンは次に述べる灰色系のフンと共に多くは崩れにくいフンで，新鮮なうちに

多少雨があっても形が崩れない。数日間も好天が続くと，表面が著しく固くなり，以後容易に崩れず西表島のように高温多湿な所でも数カ月にわたってフンの面影をとどめる。なお，排泄直後のフンはヤマネコ特有の強い刺激臭を持つが，直射光に半日もさらされて表面が固まったものでは外側からはほとんどにおわない。しかし，わずかでもフンに割れ目を入れると，突然強烈なにおいが鼻をつく。

　フンの排泄後日数が経過すると表面から次第に崩れ，ネズミ，オオコウモリの毛，鳥の羽毛を含んだものは，それらがはっきり見えるようになると同時に，全体に膨らみ容量が増える。フン塊はいよいよ崩れて，あるものは水洗され，あるものは風で飛ばされ地表のわずかな窪みに骨の一部，ネズミの門歯，オオコウモリの爪の骨，昆虫の頭部などが残り，風雨にさらされない洞穴の入口では1年以上も残っていることがあった。

② 灰色系

　キシノウエトカゲ（日本最大のトカゲ，体重150から200グラム，5から9月のヤマネコの主な食べ物の1つ）やヘビ類の骨やウロコを多量に含むフンは，新鮮なものでも灰色で固く重量がある。このフンの特徴は，固いが割れやすく，1回分の個数も2個以上で1本のフンとなることはまずない。新鮮な時の表面は乾ききらない泥地の表面のようになめらかであるが，表面が乾燥しはじめると非常に細かにひび割れたような状態になり，石のように固く容易に水に溶けなくなる。もちろん，においも感じなくなるが，日数が経過すると一層白くなって表面から少しずつ崩れていく。崩れた細片はほとんどそのままいつまでも残る。

　キツネ，イヌなどの食肉類で知られているチョークフンは，白色の砕けやすい表面をしており，多量の骨を食べた後に排泄されるフンである。これは，体内での消化の過程で骨片から出た燐酸

化合物が主な成分だといわれている。イリオモテヤマネコの灰色系のフンは，このチョークフンに相当するものと思われる。

③ 黄褐色系

　一般には著しい軟便か下痢便で，黄褐色か淡灰褐色，時には多少緑色を帯びることがある。このようなフンは新鮮なうちに雨にあうと固形物を残して容易に流れてしまい，例えば鮮やかな緑色をしたイネ科植物など内容物だけがそのまま見える。このようなフンでも排泄後好天が続くと，だらりと広がった不定形の広がりのまま固まるが，その後でも雨が降ると容易に洗い流されてしまう。道路上や岩上にイネ科植物の葉とバッタだけが残されているものなどは，すべてこのたぐいの残渣である。

内容物の分析

　フンを採集した後の過程は，資料としての保存と内容物の分析である。私の場合，調査地と研究室が遠く離れ，しかも現地滞在が長い。そのため，西表島ではフンを水でほぐし，大きな内容物と細かな残渣に2分して保存した。これらの資料は後日，東京の研究室へ持ち帰り，顕微鏡下で内容物を種類毎に分け，種の同定を行なった。最終的な同定は，それぞれの専門家に依頼した。

　フンの分析方法は，研究者と対象とするフンによって違っている。たとえば十分に乾燥した後に，ピンセットで注意深くほぐす方法や，フンをガーゼに包み，流水に浸して細かなものを流出させてから，残渣を分析する方法などもある。

　まず，資料としてのフンの保存である。

　山野で採集したフンは，宿舎に持ち帰り，ふるいを用いて，流水で大きなものと細かなものに2分する。ふるいは手作りのもので，直径15センチほどの塩ビパイプを輪切りにして，高さ約10センチの円筒を作り，底面に目が1ミリ四方の網を張ったもので

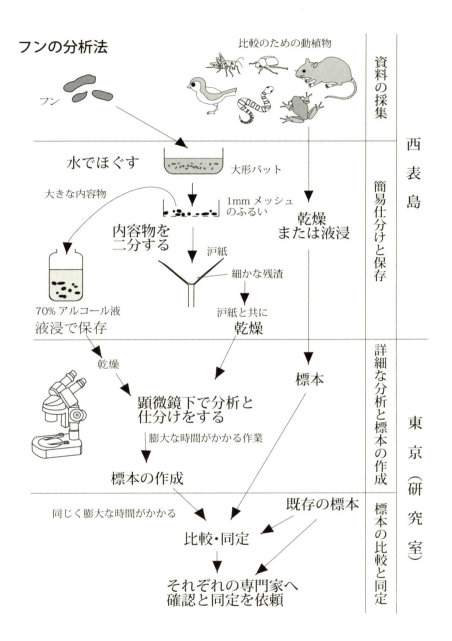

第4章 イリオモテヤマネコの食性

ある。

　ふるいに 1 例分のフンを入れ，大形バットの上に置き，流水を使って注意深くほぐしていく。新旧の査定で A とされた新しいフンは，この作業だけで完全にほぐれ，網上に残る大きな内容物と，網を抜けた細かな残渣に 2 分される。前者はフン毎に 70 パーセントエタノールの液浸で，後者は濾紙で回収し，乾燥保存した。つまり，液浸の内容物と乾燥した濾紙の 1 対で，1 例分のフンの資料である。

　D と査定された古いフンは，流水だけでは容易にほぐれず，しばらく水に浸しておいた後，割りばしやピンセットを用いて，ようやく完全にほぐすことができた。

　大形バットに貯まった水は，最も目が粗い濾紙で漉した。この作業も長時間を要するもので，完全に漉しきるまで半日もかかることがあった。濾紙上の残渣は，肉眼では識別できないほど細かく，濾紙全体に黄褐色の絵の具を塗ったような状態で残った。

　西表島で一旦アルコール保存した資料も，東京の研究室に持ち帰った後，あらためて乾燥し，内容物の分析と同定を行なった。この作業は，フン研究で最も時間と労力を必要とする部分である。

　まず，内容物の分析である。大形シャーレーに移した 1 例分の内容物を，動物の種類と部位ごとに小形シャーレーに振り分けていく。例えばネズミの体毛，骨と歯。ヘビのウロコ，骨。カマドウマの頭を含む外骨格など。机上には，いつも 20 個くらいの小形シャーレーが並んでいた。実体顕微鏡を通して，両手に持ったピンセットで淡々と内容物を拾い上げていく作業は，時には 1 例分のフンであっても 1 日かかることさえあった。

　それだけではない。フンの内容物は細かく噛み砕かれていて，当たり前のことだが，動物そのものが完全な形で出てくることはない。それでも，イリオモテヤマネコは，ウシやウマのように食

べた物をすりつぶして呑み込むという食べ方はしない。肉食動物だから，口に含んだものを適度な大きさに刻んで呑み込むというやり方だ。そして，消化のよいものだけを胃や腸で効率よく吸収し，あとはフンとして排泄してしまう。そのため，詳細に調べれば，何を食べたのかがわかるくらいの内容物が残るのである。例えばクマネズミでは多くの体毛と同時に，門歯，臼歯，あるいは歯の幾つかが載っている顎骨の一部，骨片，ちぎれた尾などである。鳥類では羽毛，クチバシ，指と爪が付いたままの脚，内骨格。トカゲの仲間では歯が並んだ状態の顎骨，ウロコのついた皮膚の一部，5 指が付いたままの手や足，尾。コオロギやバッタ類では，口器の付いた頭部，口器のみ，噛まれて潰れた状態の体骨格，折れた脚などである。資料をこわしてはいけないし，僅かでも繋がっているものは，なるべく繋がったままで抽出したい。分離することで同じものなのかどうかわからなくなってしまうこともあるからだ。実際，内容物の分析は神経を使うし根気のいる作業である。

　種の同定も簡単な作業ではない。同定とは，抽出された動物が何という種類かを鑑定することだ。同定のためには，抽出されたものと照らし合わせる図鑑や文献，標本すなわち実物が必要だ。ところが，『ヘビのウロコ図鑑』とか『トカゲの歯と爪の図鑑』などが当時はなかった。おそらく，今もないだろう。昆虫の頭や脚，爪（跗節）がわかる図鑑もなかった。コオロギやバッタ，キリギリスに関しては，2006 年になってようやく使用に耐える，信頼できる図鑑が出版された。

　では，同定のためには何をしたらよいのだろう。私は西表島で，食物と考えられる動物や昆虫を片っ端から採集した。そして，ほとんどはアルコール液浸標本にした。大きすぎるものは，必要と思われる部分だけを取り出して保存した。特に鳥類の場合，クチバシ，爪がついたままの脚，幾つかの部位から抽出した特徴的な

羽毛などである。

　私がヘビ，トカゲ，昆虫類などを効率よく採集できたのは，もちろん西表島に住んでいたからに他ならない。しかし，それだけではない。第2章で書いたように，イリオモテヤマネコ予備調査で採集した約100例のフンを，私は1人で分析と振り分けを行なった。この作業中，フンの内容物から，「イリオモテヤマネコはこんなものを食べているんだな」とおおよその食べ物を知ることができた。さらに，現地でフンを大きな内容物と細かな残渣に2分する際，何が入っているのかを見て，それに該当するものを意図的に山野で探していたのである。もし，島に滞在中，資料を単に保存していただけだったら，そういった智恵は働かなかっただろう。東京に持ち帰って分析し，初めて何が入っているのか理解できるわけである。そうなると，採集は次回の訪島からはじめるしかない。

　種の同定にも長い時間を必要とした。大学院博士課程は3年間であるが，私が博士論文をまとめるために5年間を費やしたのは，もっぱらフンの分析と同定に時間がかかったからである。

　すべての同定が済んだ後，私は，それらを分野ごとに分け，それぞれの専門家の所へ持ち込んだ。知人はもちろん，大学や研究所，博物館に在籍する研究者を直接または人を介して訪ね，私が済ませた同定が正しいものかどうかの確認を依頼した。私が同定できなかったものに関しては，保管する標本との照合をお願いした。こうして，かなりの被食動物の種名を明らかにすることができたのである。専門家に鑑定してもらったのだから，信頼性の高い結果を得られたと思っている。

　確認が済んだ資料は持ち帰ったが，同定のために西表島で作成した標本は，最終的な同定と確認をしてくれたそれぞれの専門家に資料として提供した。

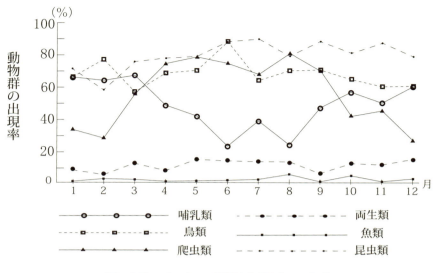

綱（Class）毎の月別出現率の変化

綱毎の出現率は 849 例のフンに対して昆虫類 78.6%，鳥類 66.9%，哺乳類 54.2%，爬虫類 49.8%，両生類 12.5% の順であった．魚類，他の動物群はすべて 4.9% 以下であった．

分析の結果

　フンから検出された被食動物を綱 class 毎にまとめ，月別の出現率の変化を見てみた。1 例のフンから同じ種類の動物が複数抽出された場合でも，出現数は 1 としている。また，出現率は各動物の体重とは関係ないので，出現率の高さがイリオモテヤマネコの餌としての重要度を示しているわけではない。

　調査したフン 849 例に対する出現率は昆虫類が 1 番高く 78.6 パーセント。以下，鳥類（66.9 パーセント），哺乳類（54.2 パーセント），爬虫類（49.8 パーセント）と続いた。他はぐっと少なくなり，両生類（12.5 パーセント），蛛形類（4.9 パーセント），甲殻類（3.7 パーセント），魚類（2.5 パーセント），唇脚類（1.5 パーセント），軟体類（1.2 パーセント）であった。その他，僅かだが種不明の骨，歯，

ウロコが検出されている。

① 哺乳類

　哺乳類は10月から3月の寒い時期（北東からの季節風期）に出現率が高く，暖かい時期（南西からの季節風期）には比較的低かった。哺乳類の主なものはクマネズミとクビワオオコウモリ（ヤエヤマオオコウモリ）で，849例のフンに対して，それぞれ35.9パーセント，16.5パーセントの出現率であった。タイリクイノシシ（リュウキュウイノシシ）は2.2パーセントの出現率と低いが，毎月のフンに含まれていた。この他，ブタ（放し飼いの家畜）の蹄，種の同定ができない獣毛が含まれていた。

　イリオモテヤマネコはクマネズミを食いちぎりながら，ほとんどすべての部位を呑み込んでいるようだ。資料からは大量の体毛の他，門歯（切歯），臼歯，臼歯が載った状態の顎骨，頸から尾までの椎骨などが検出された。門歯は湾曲の度合いで上顎か下顎のいずれのものかわかり，同時に，数と大きさで捕食された頭数や年齢を推定することができた。中にはイリオモテヤマネコが明らかに巣穴を襲い，母仔共に捕食したと考えられる抽出例もあった。

　西表島のクマネズミは，成獣で体重が約200グラムあり出現率も高い。さらにクマネズミと全哺乳類の月別出現率の変動が一致していることから，クマネズミはイリオモテヤマネコにとって重要な餌動物だということがわかる。

　クマネズミは，集落内や耕作地及びその周辺の山麓部の森林に多く棲息する。奥地の森林では棲息していないが，1970年代後半には浦内川のマリウド滝周辺でクマネズミが頻繁に目撃された。それと関連することだが，滝の周辺には特にサキシマハブも多かった。当時，滝口に降りる山道に観光客用のゴミ捨て場があり，これを目当てにクマネズミが棲み着いたのだろう。また，中流の

稲葉にもクマネズミが多かったが，1969年の廃村後は稲作も行なわれず，クマネズミの数も減っていったようである。調査が行なわれていないため，稲葉におけるクマネズミの現状は不明である。

クビワオオコウモリは，長い軟らかな体毛の他，特徴のある鉤爪および趾骨が検出された。5指がそろっている足も検出されており，ヤマネコはオオコウモリを食いちぎりながら，ほぼ全体を呑み込んでいるようである。

クビワオオコウモリは西表島では珍しくない動物である。特にフクギの果実が熟す夏季には，屋敷林にも普通に飛来する。山麓部や沢筋の低湿地林でガジュマルを含むイチジク類の果実，クワやフトモモ，ビロウの総穂花序を食べることが多い。体重は成獣の場合，300グラム程である。

タイリクイノシシは特徴的な粗い体毛が検出される他，黒色の蹄が出ることもあった。蹄の大きさから，いずれもイリオモテヤマネコと同大か僅かに大きい程度の幼獣と推定された。タイリクイノシシの成獣は60キログラムを超すこともある。そこまで大きくない個体であってもイリオモテヤマネコが襲う対象ではない。

ブタの蹄は1976年12月と翌1977年1月の2度，与那良地区のフンから検出された。形はイノシシの蹄と同じだが，色はヒトの爪と同じ，すなわち蠟のような色である。フンの1つにはダイダイ色のプラスチック片が入っていた。その頃，私は期間を限って肉片にダイモテープを入れていた。同じ記号を打ち込んだ小片を10個作り，ヤマネコに与える鳥肉に差し込んでおくのである。テープの色と記号の組合せにより，回収したフンが，いつ，どこの餌場で食われた鳥肉かわかる仕組みである。しかも当時は餌場の1つで毎夜観察を続けていたから，呑み込んだ個体までわかるのである。「記号給餌」と呼ばれるこの方法は，日本ではタヌキの生態調査に応用されていた。観察を続けた与那良餌場を利用す

第4章 イリオモテヤマネコの食性

る動物は，イリオモテヤマネコがほとんどだが，イエネコが来ることもあった。同じ餌場をイリオモテヤマネコ2頭と，たまにだが，イエネコ3頭が利用していた。

　先述のダイダイ色のプラスチック片は，ヨナラAと私が記号で呼んでいたイリオモテヤマネコが食べたものである。当時，美原集落在住の高田さんが，与那良の奥に牧場を作ってブタとイノブタを放し飼いにしていた。その一角に豚舎を建て，お産が近い親ブタや生まれて間もない子ブタを収容していたが，時々，ヤマネコが侵入して子ブタを襲っているらしいのだ。

　「1メートルもあるブロック壁を乗り越えるなんて信じがたい」といいながらも，壁の上から外へ向かって血痕が続いているのを見て，「おそらくヤマネコの仕業だろう」と確信していたそうだ。私が検出した子ブタの蹄は，紛れもなく高田さんが飼育していたブタのものだったのである。私が調べた限りでは，イリオモテヤマネコが子ブタを襲ったのは与那良の2例のみである。しかし，同様な放し飼いを行なえば，子ブタが襲われる可能性は常にあるということだろう。

　種不明とした獣毛についてだが，今泉吉典氏等，池原貞雄氏等のフン分析からはジャコウネズミ（リュウキュウジャコウネズミ），ヤエヤマコキクガシラコウモリ，カグラコウモリが確認されている。あるいは，私が抽出した獣毛は，それらのものなのかも知れないが，当時，私は比較できる標本を持っていなかった。イリオモテヤマネコは共食いをするのだろうか。あるいは，たまたまイリオモテヤマネコ自体の死体に遭遇した時，その肉を食べることがあるのだろうか。

　これはかなり衝撃的な実験であったが，決して意図的にやったものではない。1974年4月4日，私はイリオモテヤマネコのまだ新しい死体を入手した。その毛皮や骨の標本を作るために腹を裂いて注意深く肉を切りとっているうち，「赤くて柔らかく，う

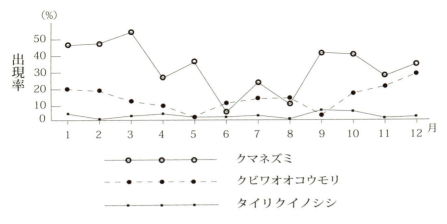

哺乳類の主な種類の月別出現率の変化

出現率は849例のフンに対してクマネズミ 35.9%, クビワオオコウモリ (ヤエヤマオオコウモリ) 16.5%, タイリクイノシシ (リュウキュウイノシシ) 2.2% であった. 種不明の体毛が検出されたが, 小形コウモリ類であろうと推定された.

まそうだな」と感じた。「食べてみたいな」とはさすがに思わなかったが,「そうだ, 今晩のヤマネコの餌にしよう」。私は何の抵抗もなくそう決めてしまった。実際のところ, 毎日の生活費からヤマネコのために肉代を捻出することは, 奨学金だけで生活から研究の一切をまかなっていた私にとって決して楽なことではなかった。「1日分, 得をした」。単純にそれだけのことしか頭に浮かばなかった。

　現場は古見観察場だった。18 時 50 分, 空にはまだ残照がある時刻だ。コミJは餌場に進入すると, まず, 私が肉を包んできた新聞紙とビニール袋の所へ行き臭いを嗅いでいた。次に, あたりいっぱいに置いてある肉片の1つ1つを確認しながら歩いていた。肉片は 10 数個で計 360 グラムである。観察台から見ると, これまで与えたことがあるイノシシの肉や牛肉と同じように, 赤くてうまそうに見える。

ところが，予想外なことが起こった。コミJは肉を食べるどころか，くわえることさえしないのである。これまでの観察では餌場の肉片をまったく食べないで帰ることはなかった。コミJは空地いっぱいに置いてある肉片の1つ1つを丹念に嗅いで回っているが，どれ1つとしてくわえようともしない。そして，全部を嗅いで回ったあと幾つかを再び嗅ぎ，周囲を見まわして，5分後の18時55分，ゆっくり餌場を去った。

　その日，私は20時13分，帰路についた。「ヤマネコは今晩もう1度来るだろう。そして，肉を全部食べることだろう」。そう予想した。

　しかし，翌朝現場で見たものは，昨晩とまったく同じ状態に置かれたヤマネコの肉だった。これによって，私はイリオモテヤマネコが共食いをすることはないし，例え肉片であっても決して食べないということを確認した。イリオモテヤマネコの肉には他と区別できる何かが含まれており，イリオモテヤマネコは，それを認識しているのだろう。

　このことを知った時，私はそれまで体験したことのない，みじめな気持ちになった。ヤマネコに大変申し訳ないことをしたと反省した。悲しそうに見えたその日のコミJを思い出す時，「私に，ヤマネコに対する真の愛情があったのだろうか，それならばあんな惨いことはできなかったはずだ」と，胸が痛むのである。

　イリオモテヤマネコは共食いをしない。肉片であっても，仲間を食べたりはしない，尊厳を持って生きている野生動物なのである。

② **鳥類**

　鳥類は年間を通して出現率が高かったが，6月に最大のピークがあり，89.2パーセントの出現率であった。次に2月にピークがみられ，77.5パーセントであった。最小値は3月の57.8パーセ

ントであるが，それでも50パーセントを超える出現率であった。月毎の出現率は，4から6月に急激に増加，8から12月にかけてゆっくりと減少していた。この傾向は，西表島における渡り鳥の移動と滞在を反映しているように思われる。例年3月末から5月になると，南方から多くの鳥がやって来て西表島で繁殖する。これら夏鳥は8月末から10月にかけて再び南方へ去っていく。一方，冬鳥と呼ばれる本州あたりからの渡り鳥は，11月頃に飛来して西表島で冬を過ごす。彼らは春が近づくと北方へ戻っていく。つまり，イリオモテヤマネコは鳥の種類や季節を問わず，可能なものは何でも捕食しているということであり，渡り鳥の滞在期間は，西表島における鳥類全体の個体数が増しているのではないだろうか。ただ，フンから検出された鳥類598例のうち399例（67.7パーセント）は種が不明のため，月毎の出現率に対して渡り鳥が占める割合や種類組成は明らかにすることができなかった。

　不明種の出現率が高いため，羽毛，クチバシ，趾の大きさなどをもとに，大形（カラス大，全長50cm），中大形（キジバト大，30cm），中形（ツグミ大，25cm），中小形（スズメ大，14cm），小形（メジロ大，12cm）の5段階に分けた。このうち中形から大形の種不明の鳥類が10.6パーセントの出現率であり，哺乳類と共にイリオモテヤマネコの重要な餌となっていることをうかがわせる。種不明の鳥類のうち，271例（全体の46.0パーセント）は大きさも不明であった。

　鳥類は19種を同定した。種が判明した鳥では，ヒヨドリ（3.8パーセント），オオクイナ（3.5パーセント），コノハズク（2.2パーセント），ハシブトガラス（2.0パーセント），メジロ（1.5パーセント），ズアカアオバト（1.4パーセント）の出現率が高かった。このうち，オオクイナを除く5種は西表島の各地でごく普通に見られる鳥で，個体数も多い。オオクイナは，多くは湿地に近い低山帯に棲んでいる。目撃することは少ないが，夕方から夜間，樹上

で鳴いている声をよく聞く。さらに，標高300メートルを超す山岳地帯でも声を聞くことがある。オオクイナ，コノハズク，ハシブトガラスは頻繁に地上で採食する。重量はヒヨドリ70グラム，オオクイナ240グラムほどである。

　不明クイナ科は4.0パーセントの出現率であった。オオクイナの可能性が高いものが多かったが，シロハラクイナが含まれている可能性も否定できない。シロハラクイナは，私がフンを集めていた1974年5月から1978年4月までの間，西表島に棲息するという確かな記録はないし，フンからも検出されていない。ところが，1970年代末期からは，日中，道路沿いでしばしば観察されるようになり，池原貞雄氏等が1983年から1985年の間に採集したフン176個では，すべての動物の中で最も出現率の高い餌動物（13.7パーセント）となっている。

③ 爬虫類

　爬虫類は3から9月に特に出現率が高く，8月には82.8パーセントに達した。10月から急激に出現率が落ち，2月は28.4パーセントと最も低かった。西表島は亜熱帯気候であるが，晩秋から冬季，春先までは爬虫類の活動が鈍り，特に気温の低い日が続くと，ヘビ類は倒木下などで半冬眠の状態ですごし，外に出てこない。冬季，出現率が低いのは，このことと関係しているのであろう。

　哺乳類，特に餌として重要なクマネズミと爬虫類の出現率を比較すると，月別の増減が逆の関係になっている。春から夏，初秋はクマネズミの個体数が少ないのだろうか。この点の調査は行なっていないが，イリオモテヤマネコのフンにおけるクマネズミの出現率は，明らかに春から夏，初秋は低い。この期間はトカゲ，ヘビ類の活動がさかんな時期である。哺乳類，鳥類に比べて捕まえるのが容易なこれらの動物が重要な餌となっているということ

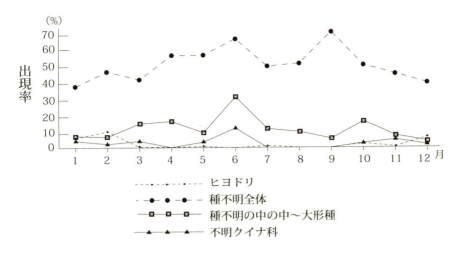

鳥類の月別出現率の変化

ヒヨドリの出現率が1番高く，849例のフンに対して3.8%．オオクイナが3.5%，コノハズク2.2%と続いた．不明クイナ科は4.4%で，オオクイナの可能性が高いものが多かった．種不明の鳥の出現率は47.6%に達した．そのため羽毛，クチバシ，趾の大きさなどをもとに，大形（カラス大，全長50cm），中大形（キジバト大，30cm），中形（ツグミ大，25cm），中小形（スズメ大，14cm），小形（メジロ大，12cm）の5段階に分けた．このうち中形から大形の種不明の鳥が10.6%の出現率であった．それらが，哺乳類と共にイリオモテヤマネコの重要な餌となっていることをうかがわせる．鳥類は19種を同定した．

かも知れない。

　個々の種について見ると，トカゲ類では大形のキシノウエトカゲが最も高くフン849例に対して18.6パーセントの出現率であった。以下，キノボリトカゲ（サキシマキノボリトカゲ）8.8パーセント，サキシマカナヘビ（6.1パーセント）と続いた。他にはヤモリ科の1種，サキシマスベトカゲ，イシガキトカゲが検出された。また，月別に見ると，キシノウエトカゲかイシガキトカゲのどちらかと思われるウロコが，4月以外の各月に検出された。さらに，種を同定できないのだが，トカゲのウロコが6月以外，毎月検出された。

　キシノウエトカゲは地上に棲み，朝方や夕方は動きが鈍い。完全な昼行性であることから，イリオモテヤマネコが日中活動をしていることを裏付けている。重量100グラムに達するキシノウエトカゲは，夏季，イリオモテヤマネコの重要な餌の1つであるといえるだろう。キノボリトカゲは重量10グラムである。

　ヘビ類ではアカマダラ（サキシママダラ）が最も高い出現率を示し，フン849例に対して8.6パーセントであった。以下，サキシマアオヘビ2.9パーセント，スジオ（サキシマスジオ）2.7パーセントと続いた。他にはヤエヤマヒバァ，バイカダ（サキシマバイカダ），サキシマハブが検出されたが，いずれも2.1パーセント以下であった。種不明のウロコや骨が4月を除いて毎月検出されており，フン849例に対する出現率は4.7パーセントであった。

　アカマダラは森林から耕作地，人家周辺等，西表島全体に分布し，主に夜間活動する。重量170から270グラム程度，最も普通に見られる無毒ヘビである。サキシマアオヘビ，スジオは主に日中目撃され，その他のヘビは夜間，農道などで目撃されることが多かった。

　フン分析からではないが，山野に放置された食い残しの中に，1例だがセマルハコガメ（ヤエヤマセマルハコガメ）があった。甲

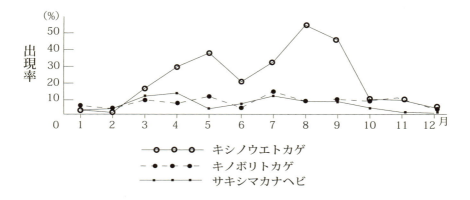

トカゲの主な種類の月別出現率の変化

出現率上位 3 位までを示した．キシノウエトカゲが 849 例のフンに対して 18.6%，キノボリトカゲ（サキシマキノボリトカゲ）8.8%，サキシマカナヘビ 6.1% と続いた．他にはヤモリ科の 1 種，サキシマスベトカゲ，イシガキトカゲが検出された．

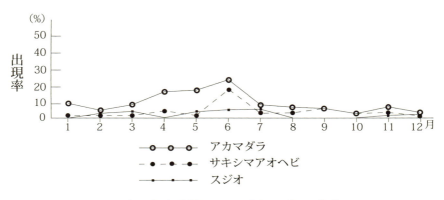

ヘビの主な種類の月別出現率の変化

出現率上位 3 位までを示した．アカマダラ（サキシママダラ）が 849 例のフンに対して 8.6%，サキシマオヘビ 2.9%，スジオ（サキシマスジオ）2.7% と続いた．他にはバイカダ（サキシマバイカダ），ヤエヤマヒバァ，サキシマハブが検出された．種不明のヘビのウロコは 4.7% の出現率であった．

長7センチ程の若い個体で，頭や脚はなく，背甲と腹甲が潰れて痛んだ状態で残っていた。

④ 両生類

　両生類はもっぱらカエルの仲間である。カエルの骨は細部が破損または消化されやすく，種の確定が困難であった。そのため，上腕骨，腕骨，大腿骨，脛腓骨など検出された部位の長さを実測し，結果を大形，中形，小形の3段階に分けて集計した。大形はオオハナサキガエル，コガタハナサキガエル，サキシマヌマガエルの大きな個体の大きさ。中形はサキシマヌマガエル，ヤエヤマハラブチガエル，ヤエヤマアオガエルの大きさ。小形はヒメアマガエル，リュウキュウカジカガエル，アイフィンガーガエルの大きさである。いずれも，年間を通して月別出現率の大きな変化はなく7.8パーセントを超える月はなかった。大きさの不明なものは849例のフンに対して4.6パーセントの出現率であった。カエルは水辺に近い場所であれば，西表島の低地から山岳地帯まで広く棲息しており，しかも捕獲が容易であるため，餌として潜在的な重要性があるのだろう。

　同定できたものはオオハナサキガエル，サキシマヌマガエルの2種で，食べ残しではヤエヤマアオガエルを確認している。

　オオハナサキガエルは西表島産のカエルでは特に大きく，森林内の渓流に棲息する。サキシマヌマガエルは西表島の低山帯から耕作地周辺で普通に見られ，個体数も多い。

⑤ 魚類

　魚類はフン849例に対し2.5パーセントの出現率であった。種の同定はできなかったが，すべて，ハゼ型，タイ型，フエダイ型の骨で，海で生活するか，海から川へ入ってくる魚であった。また，椎骨の大きさから小形の魚であることがわかった。出現率で

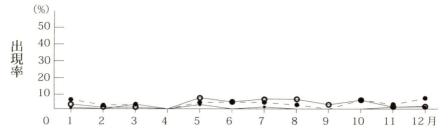

- ―○―○―○― 大形: オオハナサキガエル,コガタハナサキガエル,サキシマヌマガエルの大きな個体.
- -●-●-●- 中形: サキシマヌマガエル,ヤエヤマハラブチガエル,ヤエヤマアオガエルの大きさ.
- ―□―□―□― 小形: ヒメアマガエル,リュウキュウカジカガエル,アイフィンガーガエルの大きさ.

カエルの月別出現率の変化

カエルの多くは種の確定ができなかったため,上腕骨,腕骨,大腿骨,脛腓骨など検出された部位の長さを実測し,結果を大形,中形,小形の3段階に分けて集計した.大きさの不明なものは849例のフンに対して4.6%の出現率であった.

見る限り,魚類は重要な餌ではなく,イリオモテヤマネコが積極的に捕食しているとは考えにくい。おそらく,たまたま水辺にいるものを捕らえたり,海岸に打ち上げられたものを食べるのであろう。

⑥ 昆虫類

昆虫類はすべての動物群の中で最も高い出現率を示した。2月の出現率が58.8パーセントと低かったが,他の月は71.7から90.0パーセントと,年間を通して高い出現率であった。特に夏季にあたる6月(89.2パーセント),7月(90.0パーセント),9月(89.7パーセント)は高い値を示した。

昆虫類は59種を同定した。種が判明した昆虫ではオオハヤシ

ウマ（35.1パーセント），マダラコオロギ（22.4パーセント），ヤエヤマクチキコオロギ（11.5パーセント）の出現率が高かった。以下，出現率は格段と低くなり，タイワンクツワムシ（3.9パーセント），ヤエヤママダラゴキブリ（3.7パーセント），コマダラゴキブリ（2.5パーセント），シナコイチャコガネ（2.5パーセント）と続いた。ゴキブリ目は6種を同定したが，種不明を含めると分析したフン849例に対して18.8パーセントの出現率であった。また，種不明の甲虫が15.3パーセント，種不明で甲虫以外の昆虫が13.0パーセントであった。

　昆虫類は脊椎動物に比べると体が小さいから，餌として量的には重要でないのかも知れない。実際，捕食された昆虫の種数は多いものの，出現率はほとんど1パーセント以下であった。おそらく，たまたま見つけたら捕食するということだろう。しかし，特にオオハヤシウマ，マダラコオロギ，シナコイチャコガネのいずれか1種類だけを大量に含み，他の動物は入っていないフンもあるので，時と場所によっては，昆虫類もイリオモテヤマネコの大切な餌であると考えられた。

　オオハヤシウマは夜行性の昆虫で，森林の地上に棲む。日中は木の洞や道路下を横切る暗渠の壁に夥しい数のコロニーを作って休息している。フン分析の早い時点で，本種が多く食べられていることに気づき，捕獲を試みたことがあった。しかし，なかなか発見できず，たまたま，死骸を1つ見つけただけであった。それは，当時すでに建設中止となっていた山岳縦貫道路跡の側溝にあった。

　それから2年後，相良地区に観察台を作り，日中，イリオモテヤマネコの徘徊ルートを探しながら道路下の暗渠に入った時だった。高さ1.8メートルのコンクリート壁を埋め尽くしていたのが，このカマドウマだった。当時，西表島のカマドウマ類は分類学的な研究が進んでおらず，私はカマドウマの1種として処理したが，

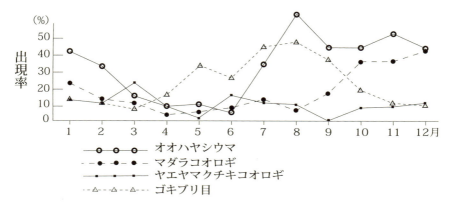

昆虫の主な種類の月別出現率の変化

出現率上位 3 位までを示した．オオハヤシウマが 849 例のフンに対して 35.1%，マダラコオロギ 22.4%，ヤエヤマクチキコオロギ 11.5% と続いた．同定できた昆虫類は 59 種類であった．ゴキブリ目は 6 種を同定したが，種不明を含めると 18.8% の出現率であった．その他種不明の甲虫類，甲虫類以外の昆虫が毎月検出され，出現率はそれぞれ 15.3%，13.0% であった．

　体長 4 センチを超す巨大なカマドウマである．フンからは噛まれて潰れているが全体がそろった外骨格，バラバラになった脚，頭，産卵管などが検出された．全体が飴色一色で，本種を大量に含んだフンは，フンそのものも飴色であった．イリオモテヤマネコは，おそらくそんな場所を知っていて，そこで大量に捕食するのであろう．

　同様のことは，他の昆虫でも経験した．フンからシナコイチャコガネが大量に検出されることがあった．しかし，生きたものを見つけることができなかった．ところが，ある年の 9 月の夕方だと記憶しているが，カンピレー滝に近い森林内で休んでいた時のこと，半ば朽ちた落ち葉がにわかに動き出したのである．「なんだろう」と注視していると，次々とコガネムシが湧き出てきた．暗い林床ではほとんど黒一色に見えたが，捕らえてみると，焦げ茶色をしたコイチャコガネであった．イリオモテヤマネコがその

ような場面に居合わせれば、当然捕食するであろう。あるいは、そのような場所を知っていて、落ち葉を掘り起こして食べているのかも知れない。

マダラコオロギは、コオロギという名前がついているがマツムシの仲間である。体長3センチ前後、翅はコゲ茶色の地に黄色い斑紋がたくさんあり、この特徴的な翅で種の確定が簡単にできる。琉球列島から東南アジアに広く分布し、灌木や草の葉、樹幹の低い位置で生活している。個体数も極めて多い。

⑦ その他の生き物

その他の無脊椎動物では、甲殻類（カニ）、マイマイ類、クモ類、ムカデ類が検出された。イリオモテヤマネコがそれらを直接食べたのか、あるいは地上で採食する鳥類を通して間接的に食べたのかを明確に区別することは難しい。しかし、消化の程度を見るとカニ類、クモ類は前者が多く、マイマイ類は後者が多いと感じた。

クモ類のタイワンサソリモドキとムカデ類のオオムカデは、どちらとも判断できない。ただ、山中に肉片を置くとそれに寄ってくることや、日中は石や倒木下に潜み、夜間に活動することから、直接イリオモテヤマネコに食べられる時もあるだろうと考えられる。

甲殻類はサワガニ大のものまでであり、大形のヤシガニやオカガニなどは検出されなかった。なお、池原貞雄氏等がタイワンサワガニとミナミテナガエビを報告している。いずれの動物群も849例のフンに対して4.9パーセント以下の出現率であり、イリオモテヤマネコが積極的に探して捕食しているとは考えられない。おそらく、たまたま見つけたら捕食する、というのが基本であろう。

⑧ 食糞性コガネムシ

	和名	学名
	コブスジコガネ科	Family Trogidae
1	サキシマコブスジコガネ	*Trox yamayai*
	コガネムシ科	Family Scarabaeidae
2	フチドリアツバコガネ	*Phaeochrous emarginatus*
3	アカダルマコガネ	*Panelus rufulus*
4	マルエンマコガネ	*Onthophagus viduus*
5	サキシマコブマルエンマコガネ	*Onthophagus atripennis apicetinctus*
6	ムラサキエンマコガネ	*Onthophagus murasakianus*
7	オオツヤエンマコガネ	*Onthophagus discedens*
8	トガリエンマコガネ	*Onthophagus acuticollis*
9	ウスチャマグソコガネ	*Aphodius marginellus*
10	フチケマグソコガネ	*Aphodius urostigma*
11	マグソコガネの一種	*Aphodius* sp.
12	ホソケシマグソコガネ	*Trichiorhyssemus asperulus*
13	ヒメセスジカクマグソコガネ	*Rhyparus helopholoides*

1-9,11-13: 山屋・安間 (1986), 10: 池原・宮城 (1985b)

フンから検出された食糞性コガネムシ（フン虫）

フチドリアツバコガネとヒメセスジカクマグソコガネは，直接イリオモテヤマネコが捕食したものと考えられる．他は排泄後のフンに飛来して，フンに潜り込んだものである．両者は検出時のキチン質の損傷具合で区別できる．

動物のフンに集まる昆虫を「食糞性コガネムシ」，一般に「フン虫」と呼んでいる。彼らはフンを食べたり運んだりするので，フン虫が多いと，せっかくのフンがすぐになくなってしまい，研究者を困らせる。西表島にもフン虫がいる。私が集めたフンから検出されたフン虫のうち，同定できたものは12種であった。しかし，そのうち2種は排泄後のフンに飛来したものではなく，ヤマネコに直接捕食された可能性が強い。つまり，排泄後のフンに潜り込んだフン虫は，傷がなく完全な形で検出されるのに対し，ヤマネコに捕食されたと考えられるフン虫は，潰れたり，噛み砕かれたりしている。損傷の激しい2種は，ヤマネコに捕食されたものであろう。

　フチドリアツバコガネは乾燥した動物死体を食べる虫である。動物の死骸が強い陽射しによって干し肉になると，日没後に飛来し，死骸が真っ黒に見えるほどの夥しい数で肉を分解，消化していく。静かな森では，ザクザク，ザクザクという音が10メートルも離れた観察台にも聞こえてくる。そんな時にヤマネコに捕食されるのだろう。翌朝，まだ肉片が残っていると，それらは飛び去ることなく，肉片下の地中1，2センチの所で日中を過ごしている。

　ヒメセスジカクマグソコガネは一般にフン虫の仲間に含めるが，厳密な糞食性ではない。従って，直接イリオモテヤマネコに捕食されたのかも知れない。

　ヒョウは有蹄類のフンを前足でひっくり返し，爪でフン虫を拾って食べることが報告されている。だから，イリオモテヤマネコも同様に，イノシシやウシのフンからフン虫を捕食することがあるだろうし，たまたま飛来したフン虫を捕食したりするのだろう。

⑨ **植物質**

　フンからは植物質も出てくるが，これは2つに分けることがで

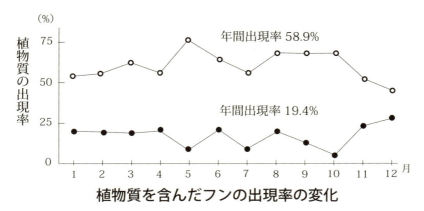

植物質を含んだフンの出現率の変化

○: 被食動物の消化管を通じてイリオモテヤマネコの体内に取り入れられた植物. ●: イリオモテヤマネコが直接食べた植物，両者は消化の程度と色彩で明確に区別できる.

	和名	学名
	イネ科	Family Gramineae
1	カモジグサ	*Agropyron tsukushiense*
2	メヒシバ	*Digitaria adscendes*
3	オヒシバ	*Eleusine indica*
4	スズメガヤ	*Eragrostis cilianensis*
5	チガヤ	*Imperata cylindrica*
6	イネ	*Oryza sativa*
7	イタチガヤ	*Poginatherum crinitum*
8	エノコログサ	*Setaria viridis*
9	ネズミノオ	*Sporobolus fertilis*
10	ススキの1種	*Miscanthus* sp.
11	タケの1種	*Bambusoideae* sp.
	カヤツリグサ科	Family Cyperaceae
12	コゴメスゲ	*Carex brunnea*

1-9, 12: 池原・宮城 (1985b), 5, 6, 10, 11: 安間

フンから検出された植物（池原・宮城, 1985 に加筆）

イリオモテヤマネコが直接食べた植物は未消化のままで排泄されている．おそらく栄養源としてではなく，消化を助けたり，腸内の寄生虫駆除に役立っているのだろうと考えられる．

きる。1つは鳥類やクマネズミ等，ヤマネコの餌となった動物の消化管に含まれていたもので，二次的にヤマネコのフンに出てきた場合である。イネのモミ，果実の種子が主で，葉は細分化されており，鮮やかな緑色をしたものはまったくない。それは合計で58.9パーセントの出現率であった。もう1つは，イリオモテヤマネコが直接食べたものである。ススキ，チガヤ，ササなど，イネ科植物の葉で，合計19.4パーセントの出現率であった。それらは5から7センチの長さで検出されたが，その長さで食いちぎられているのではなく，もっと長い葉が幾重にも折り畳まれた状態であった。また，これらは鮮やかな緑色をしており，まったく未消化のように見える。前者は消化，分解されているから，ヤマネコにとって多少は栄養になるかもしれない。一方，後者は未消化のままで排泄されていることから，栄養源としてではなく，消化を助けたり，腸内の寄生虫駆除に役立っているのだろう。

　しかし，2種の植物質の出現率の増減が，7月を除いて，逆の関係になっているので，植物を直接食べることは，ビタミンやミネラルの摂取など，成長に関与する何かがあるのかも知れない。

　植物を重要な餌としている野生ネコはいないが，多くの野生ネコが草や果実を食べている。例えば，ライオン，トラ，ジャガー，ジャングルキャットなども，かなりの果実を食べることが知られている。サーバルも，イネ科植物をはじめ他の植物の葉を驚くほど頻繁に食べている。クロアシネコにいたっては，定期的に草を食べないと成長できないことが報告されている。イリオモテヤマネコにとっても，植物を食べることは重要な意味を持っているのかも知れない。

　この他，確かに食べたものだと考えられる砂や土がフンから検出されることがある。ニホンザルでも土を食べることが観察されており，動物一般に共通のことなのであろう。

2) 捕食の直接観察

イリオモテヤマネコが摂食中，緑色の甲虫が飛来した。イリオモテヤマネコは頸をふってこれを払い落とし，その直後，それをくわえて呑み込んだ。色彩と大きさと形から，この甲虫はフン分析からも検出されるコガネムシ科のエサキドウガネと思われた。

3) 胃腸の内容物

私はこれまでに4回，イリオモテヤマネコの死体を発見した。うち3回は死後1から数日の新しい死体で，解剖して消化管の内容物を分析する機会を得た。

調査方法は，まず胃と腸の両端を糸で結んだうえ，他の内臓と切り離し，以後はフン分析と同様の方法で行なった。

その結果，クマネズミ，メジロ，キノボリトカゲ，不明トカゲ（キノウエトカゲ，イシガキトカゲ，サキシマスベトカゲのいずれか1種），オオハヤシウマ，ヤエヤママダラゴキブリ，寄生性のダニ，土壌性ダニ，寄生虫が検出された。

4) 食い残し

西表島の山中や原野で発見した動物死体のうち，イリオモテヤマネコに殺されたと断定できるものを資料とした。判定にはイリオモテヤマネコの刺毛，においの有無，場所，殺し方を基準とした（獲物の殺し方は動物群によって決まっている）。西表島で食い残しといえば，ネコ科動物（イリオモテヤマネコ，イエネコ），イヌ，

カンムリワシやコノハズクなどの猛禽類によるもので，この3つを区別することが基本である。このうち，唯一紛らわしいものはイリオモテヤマネコとイエネコの区別である。この判別は上記のごとく，刺毛，臭い，分布域の違いで判断した。

　食い残しの資料は28例で，フンの例数に比べると少ない。これは，排泄場所が山道や小高い所であるのに対して，摂食の場所は，薮の中など目立たないところであるからだと思われた。

　28例のうちわけは，鳥類25，爬虫類2，両生類1であった。食い残しに鳥類が多かったのは，イリオモテヤマネコは摂食に際して羽むしりを行なうことや，長いくちばしや足等は食べずに残すからである。これに対し，ネズミ，ヘビ，カエルはほとんど常にすべてを食べ尽くされるため，発見されないのだと考えられた。

判明した被食動物

　イリオモテヤマネコはタイリクイノシシ，クビワオオコウモリ等，大形の動物から昆虫類に至るまで，西表島に棲息するほとんどの動物群を幅広く捕食していることが明らかになった。

　特に出現率が高い代表的な被食動物は，クマネズミ，クビワオオコウモリ，ヒヨドリ，オオクイナ，アカマダラ，キシノウエトカゲ，オオハヤシウマ，マダラゴキブリ，中形から大形の鳥類であった。それぞれの大きさや重量を考慮すると，イリオモテヤマネコの重要な食物が何であるかが見えてくる。つまり，重量があり，しかも年間を通して活動している哺乳類と中形から大形の鳥類である。また，夏季には哺乳類や鳥類に比べて捕獲しやすく，しかもこの時期さかんに活動している爬虫類も，重要な食べ物であることが判明した。

　野生ネコ類の食性に関する研究は世界各地で行なわれてきており，ライオン，トラ，ヒョウ，チーターなど大型ネコ類と，それ以外の小形ネコ類では餌動物の選択に違いがあることがわかって

いる。一般に大形ネコ類は、自分の体重より多少大きな中形の有蹄類を主な食物としている。すなわちレイヨウ、シカの仲間が餌の多くを占めている。さらに、キリン、バッファロー等、かなり大きな動物を襲うことがあるし、逆にネズミ類やトカゲ、カメ、カエルのような小動物も捕食している。

　これに対して小形ネコ、いわゆるヤマネコ類は、自分よりひとまわり、ふたまわり小さな哺乳類を食物の中心としている。ネズミ、リスなど齧歯類が中心といえるだろう。そして、それだけでは餌の絶対量をまかなえない場合は、その他の脊椎動物、その地方に多くいる鳥類、爬虫類、両生類などが不足分を補っているといわれる。当然ながら、餌動物の種類は地方の動物相により異なっている。例えばウンピョウやオセロットのように生活の多くを樹上におき、樹上で鳥類を捕食するもの。カラカル、パンパスネコ、ジャガランディーのように、同じ鳥類でも地上に営巣するものを捕食すヤマネコ。スナドリネコやマライヤマネコのように魚類やカニ、エビ類をよく捕るものなど、それぞれのヤマネコの棲息域の違いで、メニューも異なっている。

　イリオモテヤマネコに関しても同様のことがいえるだろう。餌動物はネズミ、オオコウモリという小哺乳類が中心であるが、鳥類、爬虫類が加わり、しかも、かなり重要な部分を占めているということである。これは、西表島は哺乳類相が貧弱で、それに対して鳥類相、爬虫類相が比較的豊かであることを反映しているのだろう。

　ところで、クマネズミは今から2,000年前以降にヒトの移動に伴って侵入した帰化動物である。では、それ以前、イリオモテヤマネコは何を食べていたのだろう。比較的豊富な鳥類と爬虫類に頼っていたことが考えられる。しかし、それだけで十分足りていたのだろうか。いや、昔はクマネズミに替わる小哺乳類がいたのではないだろうか。それでなければ、イリオモテヤマネコは、す

食性調査で明らかになった被食動物

No	和名 （　）内は亜種名	学名	安間			他		
			フン分析	胃の内容物	食べ残し	今泉と他	池原と宮城	阪口と他
	哺乳類							
1	ジャコウネズミ （リュウキュウジャコウネズミ）	*Suncus murinus* (*S.m.temminckii*)				○	○	○
2	ヤエヤマコキクガシラコウモリ	*Rhinolophus perditus*					○	○
3	カグラコウモリ	*Hipposideros turpis*					○	○
4	クビワオオコウモリ （ヤエヤマオオコウモリ）	*Pteropus dasymallus* (*P.d. yaeyamae*)	○				○	
5	クマネズミ	*Rattus rattus*	○	○				
6	タイリクイノシシ （リュウキュウイノシシ）	*Sus scrofa* (*S.s. riukiuanus*)	○	○				
	鳥類							
7	リュウキュウヨシゴイ	*Ixobrychus cinnamomeus*	○					
8	ズグロミゾゴイ	*Gorsachius melanolophus*	○					
9	カルガモ	*Anas poecilorhyncha*	○					
10	ミフウズラ	*Turnix suscitator*	○					
11	ヒクイナ	*Porzana fusca*	○					
12	オオクイナ	*Rallina eurizonoides*	○					
13	シロハラクイナ	*Amaurornis phoenicurus*	○					
14	カラスバト	*Columba janthina*	○					
15	キジバト	*Streptopelia orientalis*	○					
16	キンバト	*Chalcophaps indica*	○					
17	ズアカアオバト	*Sphenurus formosae*	○					○
18	ドバト	*Columba livia*		○				
19	コノハズク	*Otus scops*	○					
20	アカショウビン	*Halcyon coromanda*	○					
21	セキレイ属の1種	*Motacilla* sp.						○
22	シロガシラ	*Pycnonotus sinensis*	○					
23	ヒヨドリ	*Hypsipetes amaurotis*	○			○		
24	アカヒゲ	*Erithacus komadori*	○			○		
25	トラツグミ	*Zoothera dauma*	○					

No.	和名	学名					
26	シロハラ	*Turdus pallidus*				○	○
27	ツグミ	*Turdus naumanni*					
28	ウグイス	*Cettia diphone*	○				
29	セッカ	*Cisticola juncidis*					
30	メジロ	*Zosterops japonicus*					
31	ハシブトガラス	*Corvus macrorhynchas*		○			
爬虫類							
32	セマルハコガメ (ヤエヤマセマルハコガメ)	*Cuora flavomarginata* (*C.f. evelynae*)		○			
33	ヤモリ亜科の1種	Gekkoninae ssp.	○				
34	キノボリトカゲ (サキシマキノボリトカゲ)	*Japalura polygonata* (*J.p. ishigakiensis*)	○	○		○	○
35	キシノウエトカゲ	*Plestiodon kishinouei*				○	○
36	イシガキトカゲ	*Plestiodon stimpsonii*				○	
37	サキシマスベトカゲ	*Scincella boettgeri*				○	
38	サキシマカナヘビ	*Takydromus dorsalis*				○	
39	スジオ (サキシマスジオ)	*Elaphe taeniura* (*E.t schmackeri*)				○	
40	アカマダラ (サキシママダラ)	*Dinodon rufozonatum* (*D.r walli*)					
41	バイカダ (サキシマバイカダ)	*Lycodon ruhstrati* (*L.r multifasciatus*)	○				
42	ヤエヤマヒバァ	*Amphiesma ishigakiense*	○				
43	サキシマアオヘビ	*Cyclophiops herminae*	○				
44	サキシマハブ	*Protobothrops elegans*	○				
両生類							
45	サキシマヌマガエル	*Fejervarya sakishimensis*	○				
46	オオハナサキガエル	*Rana supranarina*	○				
47	ヤエヤマアオガエル	*Rhacophorus owstoni*			○		
48	リュウキュウカジカガエル	*Buergeria japonica*					
軟体類（貝類）							
49	ウスカワマイマイ	*Acusta despecta*					
蛛形類							
50	タイワンサソリモドキ	*Typopeltis crucifer*	○				

No	和名 ( )内は亜種名	学名	安間 フン分析	安間 胃の内容物	安間 食べ残し	今泉と他	池原と宮城	阪口と他
	甲殻類							
51	ミナミテナガエビ	Macrobrachium formosense					○	
52	タイワンサワガニ	Geothelphusa candidiensis					○	
	唇脚類							
53	オオムカデ	Scolopendra subspinipes	○					
	昆虫類							
54	タイワンエンマコオロギ	Teleogryllus occipitalis	○					
55	フタホシコオロギ	Gryllus bimaculatus	○					
56	ハネナシコロギス	Nippancistroger testaceus	○					
57	ヤエヤマクチキコオロギ	Duolandrevus guntheri	○					
58	マダラコオロギ	Cardiodactylus guttulus	○					
59	オオハヤシウマ	Diestrammena nicolai	○			○		
60	タイワンクツワムシ	Mecopoda elongata	○					
61	クサキリ	Ruspolia lineosa	○					
62	タイワンツチイナゴ	Patanga succincta	○					
63	クルマバッタ	Castrimargus marmoratus	○					
64	(マダラバッタ)	Aiolopus thalassinus (A.t. tamulus)	○					
65	イシガキモリバッタ	Turaulia ishigakiensis	○					
66	ヒゲマダライナゴ	Hieroglyphus annulicornis	○					
67	イナゴの1種	Oxya sp.	○					
68	オオゴキブリ	Panesthia angustipennis	○					
69	オガサワラゴキブリ	Pycnoscelus surinamensis	○					
70	コワモンゴキブリ	Periplaneta australasiae	○					
71	ヤエヤママダラゴキブリ	Rhabdoblatta yayeyamana	○	○				○
72	コマダラゴキブリ	Rhabdoblatta formosana	○					
73	ヒラタゴキブリの1種	Onychostylus sp.	○					
74	(ヤエヤマシロスジメダカハンミョウ)	Therates albooliquatus (T.a. iriomotensis)						
75	コハンミョウ	Myriochila speculifera	○					

No.	和名	学名	
76	(ヒメヤツボシハンミョウ)	Cylindera psilica (C.p. luchuensi)	○
77	ツマキハビロガムシ	Sphaeridium dimidiatum	○
78	チャイロマルバネクワガタ	Neolucanus insularis	○
79	ヤエヤマノコギリクワガタ	Prosopocoilus pseudodissimilis	○
80	(リュウキュウクロコガネ)	Holotrichia loochooana (H.l. loochooana)	○
81	アリタクリイロコガネ	Holotrichia aritai	○
82	(ヤエヤマカンショコガネ)	Aogonia bicarinata (A.b. yaeyamana)	○
83	(ヤエヤマビロウドコガネ)	Maladera japonica (M.j. yaeyamana)	○
84	オオマルビロウドコガネ	Maladera opima	○
85	シナコイチャコガネ	Adoretus sinicus	○
86	エサキドウガネ	Anomala esakii	○
87	(ヤエヤマムシスジコガネ)	Anomala edentula (A.e. yaeyamana)	○
88	(チャイロカナブン)	Cosmiomorpha similis (C.s.nigra)	○
89	(カバイロハナムグリ)	Protaetia culta (P.c. yaeyamana)	○
90	ツヤハナムグリの1種	Protaetia sp.	○
91	(オキナワコカブトムシ)	Eophileurus chinensis (E.c. okinawanus)	○
92	(イシガキコアオハナムグリ)	Oxycetonia jucunda (O.j. ishigakiana)	○
93	アオムネスジタマムシ	Chrysodema dalmanni	○
94	ミドリナガボソタマムシ	Coraebus hastanus	○
95	サカグチホソサビキコリ	Agrypnus saskaguchii	○
96	(サキシマムナビロサビキコリ)	Agrypnus bipapulatus (A.b. sakishimanus)	○
97	ヤエヤマサビコメツキ	Lacon yaeyamanus	○
98	オオフタモンウバタマコメツキ	Paracalais larvatus	○
99	サキシマクチボソコメツキ	Glyphonyx pallidipes	○
100	(クロヘリツヤコメツキ)	Chiagosnius delauneyi (C.d. fuscomarginatus)	○

No	和名 （　）内は亜種名	学名	安間 フン分析	胃の内容物	食べ残し	今泉と他	池原と宮城	阪口と他
101	オオナガコメツキ	*Elater sieboldi*	○					
102	（サトウホソクシコメツキ）	*Neodiploconus satoi* (*N.s. matobai*)	○					
103	ニジマルキマワリ	*Amarygmus callichromus*	○					
104	イブシキマワリ	*Plesiophthalmus fuscoaenescens*	○					
105	（オオクチカクシゴミムシダマシ）	*Dicraeosis carinatus* (*D.c. carinatus*)	○					
106	（セスジナガキマワリ）	*Strongylium cullellatum* (*S.c. yuwanus*)	○					
107	（イシガキゴマフカミキリ）	*Mesosa yonaguni* (*M.y. subkonoi*)	○					
108	ワモンサビカミキリ	*Pterolophia annulata*	○					
109	ヨコスジサビカミキリ	*Pterolophia latefascia*	○					
110	モモブトサルハムシ	*Rhyparida sakisimensis*	○					
111	オキナワイチモンジハムシ	*Morphosphaera coerulea*	○					
112	クロスジクチブトゾウムシ	*Macrocorynus psittacinus*	○					
113	ハネカクシ科の1種	*Staphylinidae* sp.						○

今泉と他：今泉吉典・今泉忠明・茶畑哲夫 (1977a). 池原と宮城：池原貞雄・宮城邦治 (1985). 坂口と他：阪口法明・村田 行・西平守孝 (1990).

エサキドウガネは餌場における直接観察でも捕食が確認された．今泉と他は，哺乳類とトカゲ類を種レベルまで分析．他はヘビ類（大，中，小），両生類（大，中，小），魚類，甲殻類，昆虫類（直翅類，その他）としてまとめている．池原と宮城は，昆虫類を除き全動物群で種レベルまでの分析を行ない，昆虫類は科レベルでまとめている．阪口と他は，全動物群で種レベルまでの分析を行なっている．

でに滅んでいたと考えるほうが自然かも知れない。

　そんな仮説を裏付けるかのように，クマネズミの侵入以前，西表島で別のネズミが繁栄していたことを示唆する研究成果が出て来た。

　新石垣空港は 2013 年 3 月，西表島に隣接した石垣島に開港した。建設に先立ち，沖縄県立埋蔵文化センターは，2006 年から建設予定地で発掘調査を実施してきた。この過程で，白保竿根田原洞穴から人骨化石や多量の獣骨化石が出土した。人骨は直接抽出したコラーゲンの放射性炭素年代測定の結果，約 1 万 5000 年から 2 万年前のものであることがわかった。それにより，後期更新世（旧石器時代）に石垣島にヒトが存在していたことが判明し，同時にそれは日本最古の年代であることも明らかになった。

　この調査の中で，大阪市立大学の河村愛・愛知教育大学の河村善也両氏は詳細な研究と分析により，石垣島における後期更新世と完新世，過去 2.5 万年間の小型哺乳動物相の変遷を明らかにしている。ちなみに，更新世は洪積世とも呼ばれ，今から 258 万年から 1 万 1,000 年前の時代である。それを前期（258 万年から 78 万 1,000 年前），中期（78 万 1,000 年から 12 万 6,000 年前），後期（12 万 6,000 年から 1 万 1,000 年前）に細分している。完新世は沖積世とも呼ばれ，約 1 万 1,000 年前から現在までをさしている。

　「家ネズミ」という言葉がある。住家性のネズミで，人類に伴って世界中に分布を広げたグループである。具体的にはハツカネズミと，クマネズミ属に含まれるクマネズミ，ドブネズミ，ナンヨウネズミを指している。前述の研究結果によれば，ハツカネズミが完新世初頭，約 1 万年から 9,000 年前の地層から出土している。クマネズミ属は 2,000 年前にわずかに見られ，その後は連続して出土している。石垣島に定着したのは，日本本土の弥生時代から平安時代に相当する時代と考えられる。論文では「種未定」としているが，侵入した時代から推定して，クマネズミなど住家

性のネズミである可能性が極めて濃厚である。

　クマネズミ属が出土する以前では，ほぼすべての層からシロハラネズミ属 *Niviventer* の化石が出土している。しかも大量に連続した地層に含まれる。このことは，かつてはこのネズミがいつも非常に優勢で，そのような状態が，少なくとも調査対象となった後期更新世以降，完新世の比較的新しい時代までずっと続いて来たことを示している。絶滅したのは，クマネズミ属との競争に敗れたからであり，それは，たかだか数千年前のことだろうと推測している。

　2016年に入って新たな論文が出た。その結論は前述の論文と大変似ており，同時にその研究成果を補強するものとなっている。

　大阪大学総合学術博物館の西岡佑一郎氏他は，石垣島と与那国島において，前述と同様の調査を行なった。そして，「完新世後期の石垣島と与那国島の小哺乳類相はまったく同じである。さらに，この小哺乳類相は後期更新世から完新世にかけての宮古諸島や，台湾を含むユーラシア大陸とはまったく異なるものだ」との結論を得ている。おそらく，後期更新世以前，八重山諸島（陸塊）が他の地域から隔離されていたことでできた島嶼型動物相であろう。そして，この動物相を代表する動物がシロハラネズミ属の1種である。このネズミはユーラシア大陸に現存するシロハラネズミ属とは異なっており，後期完新世まで石垣島と与那国島で棲息していたと述べている。

　さて，本題に戻ろう。約2万年前の最終氷期最寒冷期には，海面が現在より125メートル前後低下していたと考えられている。八重山諸島は，与那国島を除いて，1つの島だった。その後，完新世に入り，地球は温暖化が進み海面が上昇していく。それにより，西表島と石垣島も別々の島になるのだが，それは比較的新しい時代であっただろう。現在，両島の間の海は，水深数十メートル，最も深い所でも70メートルである。そして，このことから，

西表島にも同種または近い種類のネズミが棲息していたと考えられ，同時に，それがイリオモテヤマネコの食性の中心であったのだろうと考えられるのである。

　次に，ネコ類は陸上に棲む哺乳類としては，魚を捕食することが上手である。例えばライオン，トラ，ジャガーは爪を使って魚を捕らえるし，ヒョウはテラピア等を日中，前肢ですくい上げたりする。積極的に水には入らないイエネコでさえ，前肢で上手に魚を捕獲する。ヤマネコ類では，特にスナドリネコとマライヤマネコが頻繁に魚を捕らえ，食べ物の多くを魚やエビ・カニに依存していることがわかっている。この2種のヤマネコは南アジアの主に沼地や川辺に棲んでいる。イエネコより一層上手に前肢を使って魚をすくい上げるし，顔を水に浸けることさえ平気である。また，ネコ類の上顎前臼歯は3対あるが，両種の場合，前側の2対が特に大きく発達し鋭く尖っている。それは，他のネコ類と違って魚類やエビ，カニなど滑って掴みにくい獲物を常食としている証拠だといわれている。

　私はボルネオ島で生活していた当時，しばらくマライヤマネコを飼育したことがあった。飼育舎は6畳ほどの広さで，片隅に大形のたらいを埋め込み，満杯に水をはっておいた。おもしろいことに，たらいには魚がいないというのに，夜半，マライヤマネコは魚をすくい取るような仕草を繰り返したり，あげくの果ては，ちょうど我々が風呂に入るように，たらいの水に浸かったまま30分近くを過ごすこともあった。

　フンからの出現率で見る限り，イリオモテヤマネコにとって魚類は重要な食物ではないのだろう。しかし，水辺で魚を探すこともするだろうし，見つけた時には，やはり捕らえて食べていると思われる。私はイリオモテヤマネコが水に入っている姿を見たことがない。しかし，浦内川では観光客によって泳ぐ姿が目撃されたり，カメラマンによって遊泳中のイリオモテヤマネコが撮影さ

れたこともある。

　判明した餌動物の生息場所から，イリオモテヤマネコはあらゆるタイプの植生や地形を行動域としているようだ。オキナワジイやオキナワウラジロガシが優占する山岳地帯から山麓部にかけての連続した森林，サガリバナやオキナワキョウチクトウ，ヒカゲヘゴが茂る低地林，湿原や耕作地周辺の灌木林や原野，海岸，時には田んぼや畑地など，狭い西表島の隅々まで生活空間として利用している。

　しかし，標高300メートルを超える山岳地帯では，餌動物が多いとは思えない。イノシシは目撃することがあるし，渓流沿いや源流域ではカエル類も多い。ハシブトガラス，ヒヨドリもいるし，サキシマハブも時折遭遇するが，セミ類を除けば，それほど生き物の気配は多くない。

　一方，山麓部や谷間の低地林，耕作地に隣接した森林では，クマネズミ，オオコウモリ，多くの鳥類，ヘビ，トカゲ，さまざまな昆虫類など，実に多くの生き物が棲息している。フン，足跡，食い残しといったイリオモテヤマネコのフィールドサインも，そのような低山帯から耕作地周辺，自動車道路沿いで多く見つかる。狭い西表島であるから，イリオモテヤマネコは島の隅々まで活動域として使っている。その中でも，頻繁に活動し，イリオモテヤマネコの密度も高いのは，山麓部から低地であるといえる。

　活動は夜間が中心である。日中にはほとんど姿を見ることがないオオコウモリ，マダラゴキブリ，カマドウマをはじめ，夜行性で，夜間よく鳴いているコノハズクやオオクイナが食べられている。また，連続して同じ地域を調査していると，排便は多くが夕方から早朝までの間に行なわれていることからもわかる。自動車で走行中，イリオモテヤマネコに遭遇したという情報もほとんど夜間である。

とはいえ，昼間まったく活動しないのではない。もっぱら昼行性で，夜は穴などに潜んでいるキシノウエトカゲも，フンからの出現率は高い。トカゲの潜む穴を探し出し，掘り起こして食べることがあるとしても，いささか多すぎるのだ。アカマダラは主に夜活動するが，日中でも見られることがあるし，サキシマアオヘビやスジオの活動は，ほとんど日中に限られている。キノボリトカゲに至っては，夜間，葉が茂る細い枝で眠るので，日中でなければ見つけることさえ難しいのではないだろうか。ヤエヤママダラゴキブリやコオロギ類はもっぱら夜行性の昆虫である。しかし，同じフンからまとまって検出されることがあるので，イリオモテヤマネコが日中，倒木などをひっくり返して捕食しているのだと考えられる。それと，観光客などによる目撃例だ。最近は車の往来が激しいせいか，日中の目撃情報は減ってきているように感じるが，冬季は夜明けから10時近くまで，年間を通して夕方4時以降の目撃例が結構多い。

　私は以前，マライヤマネコとベンガルヤマネコを半年ほど飼育したことがある。観察の限りでは日没後2時間くらいと，夜明けから10時頃の間に最もよく動き，真夜中は休息していることが多かった。一概に夜行性動物といっても，薄明薄暮型といって，日没後しばらくと朝方に活動のピークをもつものが多い。イリオモテヤマネコも，この活動型の動物といえるだろう。

　フンの分析から得られる活動の情報は他にもまだある。イリオモテヤマネコはかなり頻繁に木に登っている。ネコ類に共通した習性という範囲に留まるものではなく，イリオモテヤマネコは生活の一部を樹上にもおいているということだ。それは，餌動物として重要な位置を占めているクビワオオコウモリが，採餌と休息を含む生活のすべてを樹上で送っており，決して地面におりることはないことからわかる。ヒヨドリ，オオクイナ，コノハズク，メジロなどの鳥類も，地上に滞在しているときだけでなく，かな

りの比率で，樹上で捕食されているのだろう。オオクイナは主に低山帯に棲むクイナの一種であるが，他のクイナ類と違って，水辺の鳥というよりも樹上生活が多い鳥である。

　以上，イリオモテヤマネコは西表島のすべての地域，あらゆるタイプの植生で生活しているが，標高の高い山岳地帯よりはむしろ，山麓部から海岸部の間に多く棲息している。活動の中心は夜間だが，夕方比較的早い時間から夜間，朝比較的遅い時間まで採食と休息を交えながら活動している。樹上で過ごすのも生活の一部であり，往々にして川にも入ると結論づけられる。

　私が西表島で研究を続けていた当時，現在のようなGPS（現在地を測定記録するシステム）を動物本体に装着して行動を追跡する方法や，数カ月間も山野に設置したまま放置できるような自動撮影装置は存在しなかった。当時は「バイオテレメトリー」といって，無線発信器を動物に装着し，そこから発せられる電波を固定あるいは移動式のアンテナで遠方から受信することでデータを収集する方法があった。高価な器材だし，少人数でできる調査ではなかった。したがって，私は実践したことがない。自動撮影装置にしても，当時はフィルムカメラだから，コマ数に限りがあるし，ストロボの光量，連続使用に耐えられないなどの制限から限られた場所で，限られた日数の撮影しかできなかった。私もその程度の利用しかしていない。

　今では最も一般的な調査方法となったGPS法では，動物の移動ルート，距離，移動中か静止中か，時間など，多くのデータが自動的に記録されていく。同様に自動撮影装置は「カメラトラップ」などと呼ばれ，カメラを半年間も設置したままで使用できる。しかも，市販の普通の電池でいいのだ。1コマ写真も動画もカラー撮影ができるし，時間も記録することができる。

　ここ30年間ほどで，調査方法もこういった「新兵器」を駆使

する新しいものになり，それ以前では考えられなかった膨大な情報が得られるようになった。研究も，その情報を分析する部分に主力が移っている感もある。イリオモテヤマネコに関しては，環境省がそのような調査を継続しており，すでに相当量の資料の蓄積があるはずだ。これまで，逐次，公表されたものもあるが，私の時代では推測の域を出ることができなかった真実が，今後，証されていくことだろう。

　また，前述したクマネズミに替わる古いネズミの話だが，将来，西表島における洞穴の堆積物調査がなされ，過去にどんな小哺乳類や，その他の生き物が棲息していたのかが明らかにされる日も来ることだろう。

あとがき

　研究以前の話だが，私は小学生時代，たった1人で昆虫採集に出かけることが多かった。当時は自然豊かな里山が近い所にあった。中学生時代後半からは，日帰りハイキングも1人だった。そんな中で，「野生」というものに強く惹かれていった。帰宅してから動物の足跡やフンなど，山でみたフィールドサインをノートに描いていた。
　たぶん，その延長なのだろう。研究者の道を意識するようになってからも，野外へ出ることが当たり前だと思ったし，楽しくて仕方なかった。まして痕跡だけでなく，動物との遭遇は，いつも新鮮な興奮を覚えた。ここから，「徹底したフィールドサインの調査と分析，そして目的の動物に会う」という，私の研究手法がはじまっていると思う。
　しかし，イリオモテヤマネコの研究に専念した頃から，私は人並みの研究者人生を諦めてしまった。この場合の人並みとは，大学院を出た後，大学あるいは国か地方の研究所に勤め，研究者としての道を歩むことだ。実際，先輩後輩のほとんどは，こういった道を歩んだ。ではなぜ，私は別の道に入ってしまったのだろう。1つにはヤマネコに没頭するうちに，国家公務員試験の年齢制限を過ぎてしまったことがある。また，当時は理系・農学系の大学院修了者にとって就職難の時代だった。今ある「ポストドクター」という就職制度もなかった。
　当時，私には息子が2人いて，中古の家も買ったばかりだった。だから，生活のために進学塾の講師を2年間やった。ただ，この間にも休みを使って環境アセスメントなど動物に関わる仕事もし

ていた。生き物との関わりを断つことがどうしてもできなかったのである。

　そんな時，2つの話が舞い込んできた。1つはある大学の非常勤講師である。教養部と工学部で7年間お世話になった。うち4年間は専門学校の講師を兼ねた。もう1つはWWF日本委員会からである。スイス本部からの要請で「南西諸島（琉球列島）保護プロジェクト」がはじまるのだが，これに対応できる人が日本にはいないからと，私に声がかかった。予算も含め，調査から報告書のまとめまですべて私が決めて行なうという，やりがいのある仕事だった。

　プロジェクトを動かしていることをチャンスととらえ，私はイリオモテヤマネコに限定することなく，奄美大島，沖縄島，魚釣島を含む琉球列島を訪ねてまわり，自然と生き物たちを調べ続けてきた。琉球列島以外へも頻繁に出かけた。

　琉球列島全体を見ているうちに，「琉球列島には地球上にここだけの動物がおり，しかも古い形質を残しているものが多い」と感じるようになった。そして，その謎を解く鍵はもっと南にあるのではと，東南アジアに関心を持つようになった。

　初めての東南アジアはボルネオ島だった。旅行には前述の弘田之彦氏，後に造形作家となる松村しのぶ氏，後にケニアのヒョウの研究でケンブリッジ大学から博士号を授与されることになった水谷文美さんが一緒だった。この旅行中に，キナバル山にも登った。山頂で「再びボルネオに来ることができるように」と祈ったものである。

　2カ月後，「ボルネオ島で『熱帯降雨林計画』がはじまった。参加しないか」とJICA（国際協力機構）から要請があった。長期専門家としてプロジェクトにおられた小久保醇氏の推薦によるものだった。派遣が実現したのは1986年7月のことだ。その年と翌年はそれぞれ2カ月間，1989年は9カ月間，私は短期専門家

としてボルネオ島カリマンタン（インドネシア）に滞在した。

　派遣が決まる以前のことだが，WWFのような大きな組織といえども，政治などが絡むと，理想とする仕事ができないことを痛切に感じていた。自分にできることはなんだろう？　それは，あるがままの自然をとことん見つめ，記録として残すことしかない，そう思った私は，思い切ってWWFに辞表を出した。

　3度目のJICA派遣が終わる1989年12月末。これ以上の派遣はないだろうと思い，すべての荷物を人にゆずって帰国。そして，正月を迎えた。

　正月が明けると，あるテレビ局から「撮影素材を探してくれ」と大金を渡された。私はカリマンタンへ行き，1カ月半テングザルの調査をし，3月に帰国した。すると，JICAから思ってもみなかった再要請が来た。プロジェクト担当だった林業開発部部長が転勤にあたり，私のためにプロジェクトの長期専門家の枠を増やしてくれたのだ。私は日本での仕事をすべて辞め，1990年から1994年まで4年3カ月をカリマンタンで生活し，「熱帯雨林の動物の研究」と「研究者の育成」という仕事を続けた。帰国の時は前回と同様，ボルネオで再び仕事ができるとは思わなかった。ところが，新たな小プロジェクトがブルネイでスタートし，私はまたもや専門家として参加することができた。ブルネイ滞在は2年間だった。

　帰国後，「JICA専門家募集」の記事を目にした。JICA専門家派遣制度は，省庁などからの推薦か要請によって行なわれていたのだが，世の流れを受けて，公募制度がスタートしたのである。しかも，最初に出た2つの案件のうちの1つが哺乳動物研究だった。もちろん，私は応募した。この時はマレーシアのサバ州野生生物局で3年間仕事をした。

　その後は短期専門家として派遣を繰り返し，マレーシアサバ大学熱帯生物研究所およびサバ州公園局で2年間ずつ働いた。この

間，そしてその後は民間からボルネオ島へ行く仕事をたびたびもらい，それは今でも続いている。
　これまでの人生をふり返って見ると，定職につかず，生活への不安もたくさんあった。しかし，「したいことはあきらめない」という究極のわがままが，結局は納得のいく人生を歩かせてくれたのだろう。
　まだまだ，やりたいことはたくさんある。人生に限りはあるが，これからも，西表島とボルネオ島の自然と人々の営みを，あるがままに記録し続けたい」と思っている。

引用文献

ANON (1968). New mammal discovered: Mayailirus iriomotensis. Animals 10: 501-503.

朝日稔 (1966). ツシマヤマネコのスカトロジー. 武庫川女子大学紀要 No.14: 17-22.

BURTON, R.G. (1918). Panthers. Journ. Bombay Nat. Hist. Soc. 26: 266-278.

CURIO, E. (1976). The ethology of predation. Springer-Verlag.

DATHE, H. (1975). The carnivores. Grzimek's animallife encyclopedia. Van Nostrand Rwinhold. Vol. 12, pp. 19-34.

EWER, R.F. (1973). The carnivores. Weidenfeld and Nicolson.

FOX, M.W. (1962). The behavior of cats. The behavior of domestic animals. Bailliere Tinhold. pp. 410-436.

GUGGISBERG, C.A.W. (1975). Wild cats of the world. David and Charles.

橋本豊 (1979). 実験用シロネズミの夜間の排便活動. Study of Drop.（フン学研究会）1(3): 71-82.

長谷川善和 (1985).「第4章 第5節 ピンザアブ洞穴産出のヤマネコ・コウモリ類・ケナガネズミ」. 沖縄教育委員会編『ピンザアブ洞穴発掘調査報告』. 沖縄県文化財調査報告書第68集. 沖縄教育委員会. P83-91.

比嘉源和・嘉手苅林俊・安里巽 (1981). イリオモテヤマネコの飼育経過(1). Majaa, 1: 6-12.

─── ・ ─── ・ ─── (1982). イリオモテヤマネコの飼育経過(2). Majaa, 2: 9-15.

池原貞雄 (1979).『特別天然記念物イリオモテヤマネコの斃死について（報告）』. 琉球大学.

─── ・小西比古哉 (1983). イリオモテヤマネコの食性ならびに採食行動. 沖縄島嶼研究 (1): 5-22.

─── ・島袋正良 (1983). 飼育下におけるイリオモテヤマネコ幼獣の行動. 沖縄島嶼研究 (1): 23-38.

─── ・宮城邦治 (1985). 痕跡の分布と糞分析による食性. 『イリオモテヤマネコ生息環境等保全対策調査報告書』: 3-35.

IMAIZUMI, Y. (1967a). A new genus and species of the cat from Iriomote, Ryukyu Islands.

Journ. Mammal. Soc. Jap. 3: 74-105.

今泉吉典 (1967b). イリオモテヤマネコの外部形態. 自然科学と博物館 34: 73-83.

IMAIZUMI, Y. and TAKARA, T. (1971). External and cranial characters of newborn youngs of the Iriomote wild cat Mayailurus iriomotensis with reference to the systematic status. Journ. Mammal. Soc. Jap. 5: 131-135.

今泉吉典・今泉忠明・茶畑哲夫 (1976).『イリオモテヤマネコの生態及び保護に関する研究．第二次報告』. 環境庁.

──── (1977a).『イリオモテヤマネコの生態及び保護に関する研究．第三次報告』. 環境庁.

──── (1977b). イリオモテヤマネコにネコ類の狩りの源をさぐる. アニマ（平凡社）. No. 57: 17-27.

和泉剛 (1977). 牛島漁港におけるノネコの活動.『日本哺乳類雑記第 4 集』（宮尾嶽雄編）: 120-123.

河村愛 (2013). 6. 白保竿根田原洞穴遺跡の後期更新世と完新世の小型哺乳類遺体.『白保竿根田原洞穴遺跡：新石垣空港建設工事に伴う緊急発掘調査報告書』（沖縄県立埋蔵文化財センター編）．第 65: 154-174.

──── (2015). History of commensal rodents on Ishigaki Island (southern Ryukyus) reconstructed from Holocene fossils, including the first reliable fossil record of the house mouse Mus musculus in Japan. Quaternary International XXX: 1-11.

KITCHENER, C., YASUMA, S., ANDAU, M. and QUILIEN, P. (2004). Three bay cats (Catpuma badia) from Borneo. Mammalian Biology 69 (2004) 5:349-353.

KRUUK, H., and TURNER, M. (1967). Comparative notes on predation by lion, leopard, cheetah and wild dog in the Serengeti area, East Africa. Mammalia 31: 1-27.

JOHNSON, W.E., SHINYASHIKI, F., MENOTTI-RAYMOND, M., DRISCOLL, C., LEH, C., SUNQUIST, M., JOHNSTON, L., BUSH, M.,

WILDT, D., YUHKI, N. & O'BRIEN, S. J. (1999). Molecular genetic characterization of two insular Asian cat species, Bornean bay cat and Iriomote cat. Pp. 223-248 in: Wasser, S.P. ed. (1999). Evolutionary Theory and Processes: Modern Perspectives Essays in Honour of Eviator Nevo. Kulver Academic Publishing.

LEYHAUSEN, P. (1956). Verhaltensstudien an Katzen. Paul Parey.

──── (1965). Uver die Funktion der relativen Stimmungshierarchie. (dargestellet am Berispiel der phylogenetischen und ontogenetishen Entwicklung des Beutefangs von

　　　　Raubtieren.) Z. Tierpsychol. 22: 412-494.
　　――― (1975). Verhaltensstudien an Katzen. (4 te aufl.) Paul Parey.
　　――― (1979). Cat behavior. Garland STPM Press.
LOCHE, A. (1954). The tigers of Trengganu. London.
LOGAN-HOME, M.W.M. (1927). A panther treeing its kill. Journ. Bombay Nat. Hist. Soc. 32: 209-211.
三井興治・池原貞雄 (1980). イリオモテヤマネコ (Mayailurus iriomotensis) の休息場所と捕食行動．沖縄生物学会 18: 31-37.
MASUDA, R., YOSHIDA, M.C. (1995). "Two Japanese wildcats, the Tsushima cat and the Iriomote cat, show the same mitochondrial DNA linage as the leopard cat Felis bengalensis". Zoological Science 12: 656-9.
増田隆一 (1996). 遺伝子からみたイリオモテヤマネコとツシマヤマネコの渡来と進化起源．地學雜誌 105(3): 355-362.
NISHIOKA, Y., NAKAGAWA, R., NUNAMI, S., HIRASAWA, S. (2016). Small Mammalian Remains from the Late Holocene Deposits on Ishigaki and Yonaguni Islands, Southwestern Japan. Zoological Studies 55: 5 .
日本直翅類学会編 (2006).『バッタ・コオロギ・キリギリス大図鑑』．北海道大学出版会．
小原巖 (1967). 西表島に移入されたホンドイタチ．『哺乳動物学雑誌3』(5): 127-128.
PETZSCH, H. (1970). Kritisches ueber die neuentdeckte IriomoteWildkatze (Mayailurus iriomotensis Imaizumi 1967). Das pelzgewerbe 20: (5).
阪口法明・古波津智代 (1984). 飼育下におけるイリオモテヤマネコ Mayailurus iriomotensis の尿によるマーキング行動について．沖縄島嶼研究 (2): 35-44.
　　―――・村田 行・西平守孝 (1990). イリオモテヤマネコの糞内容物からみた食性の地域変異．沖縄島嶼研究 (8):1-13.
SCHALLER, G.B. (1967). The deer and tiger. Univ. Chicago Press.
　　――― (1958). Hunting behavior of the cheetah in the Serengeti National Park, Tansania. E. Afr. Wildl. J. 6: 95-100.
　　――― (1970). This gentle and elegant cat. Nat. Hist. June/July 79: 30-39.
　　――― (1972a). Predators of the Serengeti. Parts I, II and III. Nat. Hist. 81: pt.2, 3, 4.
　　――― (1972b). The Serengeti lion. A study of predation-prey relations. Univ. Chicago Press.
　　――― and LOWTHER, G.R. (1972b). The relevance of carnivore to the study of early hominids. Southwestern J. Anthropol. 25: 307-341.

SUNQUIST, M.E., & SUNQUIST, F. (2002). Leopard Cat Prionailurus bengalensis. Wild Cats of the World: 225-252. University of Chicago Press, Chicago, Illinois.

SUZUKI H., HONDA T., SAKURAI S., TSUCHIYA K., MUNECHIKA I., KORABLEV V.P. (1994). "Phylogenetic relationship between the Iriomote cat and the leopard cat, Felis bengalensis, based on the ribosomal DNA". The Japanese journal of genetics 69 (4): 397-406.

高杉欣一 (1979). フン学ノート (2) 脱糞直後のフンの重量減少. Study of Drop.（フン学研究会）5: 217-218.

高良鉄夫 (1977).『自然との対話』. 琉球新報社.

当山昌直 (1992). 胃内容物から見たイリオモテヤマネコによるキシノウエトカゲの捕食行動に関する一考察. 沖縄島嶼研究 (10): 37-41.

戸川幸夫 (1972).『イリオモテヤマネコ』. 自由国民社.

UCHIDA, T. A. (1964). Preliminary notes on the remarkable murine fauna of Iriomote-jima, the Yaeyama Group of the Ryukyu Islands. Rep. Committee on Foreign Sci. Res. Kyushu Univ., (2): 75-92 (in Japanese with English summary).

———— (1965). A aberrant form of the genus Rattus collected from Iriomote-jima, the Yaeyama Group of the Ryukyu Islands. Journal of the Faculty of Agriculture, Kyushu University, Vol. 13, No. 3: 519-526.

VARADAY, D. (1964). Gara-Yaka, the story of a cheetah. Collins.

WEIGEL, I. (1975a). Small cats and clouded leopards. Grzimek's animallife encyclopedia. Van Nostrand Reinhold. Vol. 12. pp. 281-332.

———— (1975b). Big cats and cheetah. Grzimek's animallife encyclopedia. Van Nostrand Reinhold. Vol. 12. pp. 333-372.

WILSON, D.E. & MITTERMEIER, R.A. eds. (2009). Leopard Cat Prionailurus bengalensis. Handbook of the Mammals of the World Vol. 1. Carnivores: 162. Lynx Editions, Barcelona.

山口鉄男・浦田明夫 (1976). ツシマヤマネコ.『対馬の生物』. 長崎県生物学会: 167-180.

安間繁樹 (1975). イリオモテヤマネコを撮影. 多摩動物園飼育研究会研究報告 (5): 13-16. 多摩動物公園，東京.

———— (1976a). イリオモテヤマネコと私と清水. しみず (6): 46-48. 戸田書店，清水.

———— (1976b). イリオモテヤマネコと私と沖縄. はるさあ (4): 5. 東京農業大学，東京.

———— (1976c). イリオモテヤマネコ I 分布の現状. にほんざる（にほんざる編集会議）2: 51-69.

———— (1976d).『野生のイリオモテヤマネコ』. 汐文社.

―――― (1976e). 沖縄ワイルドハンティングマップ，密林の中へ．ワイルドビュー（1977-12): 20-2. 双葉社，東京．

―――― (1978a). イリオモテヤマネコの行動をさぐる．科学朝日 38(1): 65-70.

―――― (1978b).『闇の王者イリオモテヤマネコ』．ポプラ社．

―――― (1978c). イリオモテヤマネコ.『日本の野生動物 99 の謎』．pp.136-141. サンポウジャーナル．

―――― (1978d). イリオモテヤマネコを考える．伝統と現代（伝統と現代社）54: 110-115.

―――― (1979a). イリオモテヤマネコの現状と将来．はるさあ（東京農業大学沖縄県人会）5: 11-16.

―――― (1979b). イリオモテヤマネコとイエネコの糞の識別．Study of Drop.（フン学研究会）1: 60-66.

―――― (1979c). イリオモテヤマネコの糞の形態．Study of Drop.（フン学研究会）1: 165-176.

―――― (1979d). イリオモテヤマネコ.『野生哺乳動物』．pp.138-149. 家の光協会．

―――― (1979e). イリオモテヤマネコの食性ならびに採食行動．東京大学大学院農学系研究科博士論文．

―――― (1979f). 八重山諸島の哺乳類.『八重山の自然』．pp.33-39. 石垣市立八重山博物館．

―――― (1979g). イリオモテヤマネコ死体入手と死因の究明．野生 (4): 21-23. 日本野生生物研究会．

―――― (1979h). カラスとヒヨドリの声からイリオモテヤマネコの位置を知る．野生 (4): 26. 日本野生生物研究会．

―――― (1979i). イリオモテヤマネコと私．早稲田学報 33(7): 31-33. 早稲田大学校友会，東京．

―――― (1980a). イリオモテヤマネコの家族関係．科学朝日 40(1) : 77-81.

―――― (1980b). イリオモテヤマネコ・子ネコがたどった三つの運命．はるさあ（東京農業大学沖縄県人会）6:7-8.

―――― (1980c). フンを読む.『日本の野生を追って』（朝日稔編）: 75-105. 東海大学出版会，東京．

―――― (1981a). イリオモテヤマネコの採食行動．東京大学農学部演習林報告 70 : 81-140.

――― (1981b). 山で目の光るもの. ヤマピカリャー. 猫の手帖 (20): 43-50. たざわ書房, 東京.
――― (1982).『琉球列島 - 生物にみる成立の謎』. 208p. 東海大学出版会, 東京.
――― (1983a). 球列島の動物たち. 言語 12(4): 194-2 1. 大修館書店, 東京.
――― (1983b). 沖縄の自然.『RESORT ISLANDS OKINAWA』: 55. 日航, 東京.
――― (1983c). 沖縄の動物とイリオモテヤマネコ.『Okinawan Boys』: 70-71. 群雄社出版, 東京.
――― (1983d).『西表島 - 自然と生き物たち』. 48p. 世界野生生物基金日本委員会, 東京.
――― (1984a). SSC 国際ネコ会議に出席して. 野生生物 14(104): 20-24. 世界野生生物基金日本委員会, 東京.
――― (1984b). 日本の野生 14 イリオモテヤマネコ. 野生生物 14(106): 18-19. 世界野生生物基金日本委員会, 東京.
――― (1984c). Recovery Plan for the Iriomote Cat.『南西諸島とその自然保護』. 世界野生生物基金日本委員会, 東京.
――― (1985a).『アニマル・ウォッチング』. 271p+xxvi. 晶文社, 東京.
――― (1985b). イリオモテヤマネコと野生生物基金. 動物と自然 15(5): 2-6. ニューサイエンス社, 東京.
――― (1986a). 日本の野生生物. ライフサイエンス 13(7): 21-25. ライフサイエンス社, 大阪.
――― (1986b).『マヤランド西表島 1 巻』. 128p. 新星図書出版, 那覇.
――― (1986c).『マヤランド西表島 2 巻』. 128p. 新星図書出版, 那覇.
――― (1986d).『マヤランド西表島 3 巻』. 128p. 新星図書出版, 那覇.
――― (1986e).『マヤランド西表島 4 巻』. 128p. 新星図書出版, 那覇.
――― (1987).『やまねこカナの冒険』. 127p. ポプラ社, 東京.
YASUMA, S. (1988a). IIRIOMOTE CAT: KING OF THE NIGHT. Animmal Kingdom 91(6): 12-21. New York Zool. Soc., New York.
安間繁樹 (1988b). 山願いの行事・・・島民とヤマネコ.『日本随筆紀行 24 光り溢れる南の島よ』: 221-228. 作品社, 東京.
YASUMA, S. (1990a). Japans geheimnisvolle Wildkatze: Die Koenigin der Nachat. Das Tier 5/90: 44-48.
安間繁樹 (1990b). イリオモテヤマネコの行動. 採集と飼育 52(2): 66-68. 日本科学協会,

東京.

――― (1990c).『西表島自然誌 - 幻のオオヤマネコを求めて』. 292p. 晶文社. 東京.

――― (1992). イリオモテヤマネコ.『沖縄いろいろ事典』(ナイチャーズ, 垂見健吾編): 17-18. 新潮社.

――― (1993). イリオモテヤマネコ.『滅びゆく日本の動物 50 種』(上野俊一編著): 34-36. 築地書館, 東京.

安間繁樹 (1995). 日本どうぶつ草紙 1 イリオモテヤマネコ. 日経サイエンス 25(4): 16-17. 日経サイエンス社, 東京.

――― (1998). 山願いの行事.『なつかしの動物たち』:239-252. 作品社, 東京.

――― (2001).『琉球列島 − 生物の多様性と列島のおいたち』. 195p. 東海大学出版会, 東京.

――― (2006). 日本の野生動物 16「イリオモテヤマネコ」. 蜻蛉 192 号：50-51.

――― (2011).『ネイチャーツアー西表島』. 東海大学出版会, 東京.

山屋茂人・安間繁樹 (1986). イリオモテヤマネコの糞にみられた甲虫類. Pap. Ent. Pres. NAKANE, Tokyo: 181-193.

安間繁樹　やすましげき

略歴
中国内蒙古に生まれる。
1963年, 清水東高等学校（静岡県）卒業。
早稲田大学法学部卒業。法学士。
早稲田大学教育学部理学科（生物専修）卒業。理学士。
東京大学大学院農学系研究科博士課程修了。農学博士。哺乳動物生態学専攻。
世界自然保護連合種保存委員会（IUCN・SSC）ネコ専門家グループ委員。
熱帯野鼠対策委員会常任委員。公益法人平岡環境科学研究所監事。日本山岳会会員・自然保護委員会委員・科学委員会委員。
2004年, 市川市民文化ユネスコ賞受賞。

若い頃から琉球列島に関心を持ち, とくにイリオモテヤマネコの生態研究を最初に手がけ, 成果をあげた。ボルネオ島との関係は1985年5月, 40歳から。主に国際協力機構（JICA）の海外派遣専門家として, カリマンタン, ブルネイ, サバに15年間居住, 動物調査および若手研究者の育成に携わって来た。西表島およびボルネオ島の自然と人々の営みを, あるがままに記録し続けることをライフワークとしている。

主な著書
琉球列島関係
『ネイチャーツアー西表島』,『琉球列島―生物の多様性と列島のおいたち』東海大学出版会。『西表島自然誌』,『石垣島自然誌』晶文社。『マヤランド西表島』新星図書。『野生のイリオモテヤマネコ』汐文社。『やまねこカナの冒険』,『闇の王者イリオモテヤマネコ』ポプラ社。
ボルネオ島関係
『失われゆく民俗の記録』自由ヶ丘学園出版部。『ボルネオ島アニマル・ウォッチングガイド』文一総合出版。『キナバル山』東海大学出版会。『ボルネオ島最奥地をゆく』晶文社。『カリマンタンの動物たち』日経サイエンス社。『熱帯雨林の動物たち』築地書館。
その他
『ヤスマくん, 立ってなさい』講談社。『アニマル・ウォッチング』晶文社。
2016年より連載中「ボルネオ島自然誌」文化連情報。
2010年よりネット連載中「熱帯雨林のどうぶつたち」『どうぶつのくに.net』

イリオモテヤマネコ　狩りの行動学

2016年4月25日　初版第1刷発行

著　者	安間繁樹
発行者	渡辺弘一郎
発行所	株式会社あっぷる出版社
	〒101-0064 東京都千代田区猿楽町2-5-2
	TEL 03-3294-3780　FAX 03-3294-3784
	http://applepublishing.co.jp/
組　版	Katzen House　西田久美
印　刷	モリモト印刷

定価はカバーに表示されています。落丁本・乱丁本はお取り替えいたします。
本書の無断転写（コピー）は著作権法上の例外を除き、禁じられています。
© Shigeki Yasuma 2016 Printed in Japan